"十三五"普通高等教育本科部委级规划教材

中国少数民族服饰文化

CHINESE ETHNIC GROUPS COSTUME CULTURE

刘 文 金凤杰 | 编著

中国纺织出版社有限公司

内 容 提 要

本书是“十三五”普通高等教育本科部委级规划教材。

全书共分为八章，按照北方、南方的地理分线，即以秦岭—淮河以北为北方，以南为南方，北方少数民族服饰共21个，南方少数民族服饰共34个。每一章少数民族按汉语拼音字母表进行排序，以此进行归纳整理。抓住每个少数民族最具特色的内容进行刻画，展现55个少数民族的服饰文化特色及内涵。

本书既可作为高等院校服装专业教材、高等院校公共选修课教材，也可作为服装设计及服饰文化爱好者的参考书。

图书在版编目（CIP）数据

中国少数民族服饰文化 / 刘文，金凤杰编著 . -- 北京：中国纺织出版社有限公司，2020.8（2023.3 重印）
“十三五”普通高等教育本科部委级规划教材
ISBN 978-7-5180-7533-1

Ⅰ . ①中… Ⅱ . ①刘… ②金… Ⅲ . ①少数民族 — 民族服饰 — 服饰文化 — 中国 — 高等学校 — 教材 Ⅳ . ① TS941.742.8

中国版本图书馆 CIP 数据核字（2020）第 107419 号

策划编辑：魏　萌　　责任编辑：籍　博
责任校对：王花妮　　责任印制：王艳丽

中国纺织出版社有限公司出版发行
地址：北京市朝阳区百子湾东里 A407 号楼　邮政编码：100124
销售电话：010 — 67004422　传真：010 — 87155801
http://www.c-textilep. com
中国纺织出版社天猫旗舰店
官方微博 http://weibo.com/2119887771
北京通天印刷有限责任公司印刷　各地新华书店经销
2020 年 8 月第 1 版　2023 年 3 月第 3 次印刷
开本：787 × 1092　1/16　印张：15
字数：215 千字　定价：58.00 元

序

万物承春各斗奇

刘文又要出书了！总能听到刘文获批社科基金项目的信息，又总会收到刘文寄来的新作。我在高校任教42年，带出硕士研究生86个，刘文是少数几个让我感到欣慰的学生之一。她从2007年毕业后，回到浙江，在嘉兴学院任教，至今从未停止过在科研领域的前进步伐，我不止一次地感叹，她可真够刻苦的，而且不断有成果推出！

这本书完稿后，她希望我给写篇序。我说让她发来电子版即可，她却坚持要把纸质稿寄来。这么厚的书稿，尤其有这么多一手图，可见刘文花费了多少心血。她还找了一位搞非遗研究的同道，可以说，抓住了这样一部教材的根本。

我是1983年教育部在高校设立服装设计专业后第一批中国服装史教师，从教至今已近40年。可是，事实告诉我，真正倾心于服装史论，并真心热爱服装史论的教师并不多。很多人都热衷于服装设计，认为很时尚，相比之下，教史论会显得枯燥许多。实际上，这两者并不矛盾，搞设计也需要史论的支撑。在史论研究中，如若没有灵魂的总结与发现，设计只会成为过眼云烟……

这本教材想要给学生讲的是中国少数民族服饰。在中国已确定的55个少数民族文化中，需要我们挖掘的内容太多太多，因此在学习之前或之后，必须要了解几个关键的问题：

一、中国少数民族服饰的形成过程。统一在华夏文明之内的各少数民族文化，一旦追溯源头，总会追溯到三皇五帝，这些在我研究中国历代《舆服志》时已深切地感受到。当然，各民族又总会有与此相关联的自己的始祖，这本身就构成了民族文化的丰富性，同时又显现出各自起源的神秘性。由于很多少数民族生活在距中原较远的偏僻地区，相对封闭，使得他们千百年来形成了自己的服饰特色。

二、民族服饰特色的成熟时段。这里可概括全世界许多民族，尤其是一些近代被发现或说久未融入全球主流文明之中的部族。随着人类学的创立与深入研究，20世纪中叶，有许多民族的服饰形象出现在现代人面前，自此以后，少数民族的文化逐渐引起了相关学者的兴趣，而少数民族本身也得以与现代文明接触并靠拢。因此，20世纪中叶是少数民族服饰形象的成熟时段，之后便因双向开放而逐渐被淡化了。

三、深藏于民族服饰中的精神内涵。无论是不是少数民族，其特色服饰都是鲜活的民族文化产物，都是有思想、有血液所支撑的，尽管表面看起来像是物质成分多一些。大凡能称为民族服饰的，都是经过无数代人的传承与筛选，进而保留和发展下来的。因此，为什么会形成这样一种特色，而不是那样，绝对是有根源的。别管是款式，还是色彩、纹样，肯定都是该民族认为具有纪念意义或吉祥含义的，如各民族的图腾，或是赖以生存的物种。这其中的本源为生存和繁衍，只有符合生命的代代相传，才能保证这个民族的长期存在，才会发扬光大。细细探究，无不遵循着这样一个真理。

四、自然环境决定民族服饰特色。这一点是绝对的，不容置疑。无论如何强调民族服饰的精神内涵，都不得不正视一点，该民族服饰特色必然是先从生存环境的自然条件和物产种类基础上产生并得以发展。蒙古族人的皮袍，是为了御寒，同时也因为他们主要从事畜牧业，而生活在南方水边的傣族根本用不上，确实也没有这些动物毛皮资源。自然形态和社会形态的高度融合才形成了特色。

五、21世纪看少数民族服饰走向何方。这是一个很敏锐的焦点，也是一个很复杂的话题。我们只知道少数民族青年已经走出深山，也知道全球各民族服饰在近一个世纪中呈西化趋势。那么，如何留住这争奇斗艳的百花园呢？我在题目的确定上还执意选择了“万物承春各斗奇”，这不就是在由衷地希望永远留住这“万紫千红总是春”的繁荣文化景象吗？可是，我们又不得不看到，少数民族已打开了闭锁的大门，他们还愿意天天穿上适合农业经济的服装去走入高度现代化的都市吗？他们还愿意像祖辈那样一针一线缝上一件花费十年心血的嫁衣吗？我们无法强制他们保留这样一份文明。于是，少数民族服饰便形成了两个走向：一是保存在博物馆，具有永恒的文物价值；二是批量生产，简单制作，进而服务于旅游。有识之士在拼命挽留住民族服饰逝去的脚步，但时代的车轮自有其演进的轨迹。目前能做到的，就是在“非遗”工作中尽我们最大的所能。

我们只能尽力保留少数民族服饰的精彩，这一部教材的作者就是身体力行。只期冀“00后”的学生们能够从中感受到那一份生命的力量，也就不辜负教材作者的心愿了，但愿会这样！在这里也希望刘文不断有新作问世。

华梅

2020年2月8日于天津

前言

当前，在人才培养模式及教学方法改革方面，关于中华民族传统文化及非物质文化遗产的教学内容已经不局限于专业。中国少数民族服饰文化不仅可以作为服装类高等院校专业选修课教材，亦可作为高等院校公共选修课教材。对服装专业理论知识的提升及设计灵感的拓展具有重要意义，具有一定的科普性，有利于中华传统文化及非物质文化遗产的保护与传承，激发家国情怀。

自古以来，分布在祖国各个省份的55个少数民族，与汉族人民共同开拓了辽阔的疆域，繁荣了祖国的经济，创造了璀璨的文化。服饰是文化的载体，中国少数民族服饰绚丽多彩、千姿百态、种类繁多，是其风俗习惯、生产方式、审美情趣、宗教信仰的外显形式。以其各具特色的服饰风貌将祖国文化点缀得多姿多彩、五光十色。

本书按照北方、南方的地理分线，即以秦岭—淮河以北为北方，以南为南方，北方少数民族服饰共21个，南方少数民族服饰共34个。每一章的少数民族按照汉语拼音字母表进行排序，以此进行归纳整理，将中国少数民族丰富多彩、特色各异的服饰文化通过图文并茂的形式展现，旨在为中国少数民族服饰研究贡献菲薄之力。

北方少数民族主要是指分布在我国东北、华北、西北地区的朝鲜族、达斡尔族、鄂伦春族、鄂温克族、赫哲族、满族、蒙古族、俄罗斯族、哈萨克族、柯尔克孜族、塔吉克族、塔塔尔族、维吾尔族、锡伯族、乌孜别克族、回族、东乡族、土族、撒拉族、保安族、裕固族，共21个。南方少数民族主要是指分布在我国西南、中南、东南地区的珞巴族、门巴族、藏族、布依族、侗族、苗族、羌族、水族、彝族、阿昌族、白族、布朗族、傣族、德昂族、独龙族、哈尼族、基诺族、景颇族、拉祜族、傈僳族、纳西族、怒族、普米族、佤族、仡佬族、京族、毛南族、仫佬族、瑶族、壮族、高山族、黎族、畲族、土家族，共34个[1]。

本书抓住每一个少数民族服饰中最具特色的角度进行梳理和描述，体现55个少数民族对美好生活的热爱和憧憬。旨在挖掘各个少数民族服饰丰富的文化内涵，体现其历史沉淀、宗教信仰、生活习俗等方方面面。

中国少数民族服饰文化非常博大和丰厚。很多少数民族又有很多分支，可以这么说，很多少数民族的服饰，甚至很多少数民族的某个分支的服饰都可以写成一部分量颇丰的专著。仅靠一部教材就将其介绍全面是不可能的。因为它太深厚、太神秘，太值得做进一步研究！加之编著者学术水平所限，对于本教材中出现的不足，敬请读者批评指正。

本书的编写，还邀请了主要从事中国北方少数民族非物质文化遗产研究的金凤杰（回族）老师加入，在编写过程中及最后统稿起到了重要作用，在此表示感谢。特别感谢我的恩师华梅教授！先生百忙中为本书作序。多年来，对我的指导和鼓励从来没有间断过。我将不忘先生教诲，继续前行。

编著者

2020年初春于嘉兴学院地方文献室

[1] 参见中央民族大学博物馆。

教学内容及课时安排

章 / 课时	课程性质 / 课时	节	课程内容
第一章 /4	基础理论 /32	•	**黑龙江、吉林、辽宁、内蒙古自治区民族服饰**
		一	朝鲜族服饰
		二	达斡尔族服饰
		三	鄂伦春族服饰
		四	鄂温克族服饰
		五	赫哲族服饰
		六	满族服饰
		七	蒙古族服饰
第二章 /4		•	**新疆维吾尔自治区民族服饰**
		一	俄罗斯族服饰
		二	哈萨克族服饰
		三	柯尔克孜族服饰
		四	塔吉克族服饰
		五	塔塔尔族服饰
		六	维吾尔族服饰
		七	乌孜别克族服饰
		八	锡伯族服饰
第三章 /4		•	**宁夏回族自治区、甘肃省、青海省民族服饰**
		一	保安族服饰
		二	东乡族服饰
		三	回族服饰
		四	撒拉族服饰
		五	土族服饰
		六	裕固族服饰
第四章 /2		•	**西藏自治区民族服饰**
		一	珞巴族服饰
		二	门巴族服饰
		三	藏族服饰
第五章 /4		•	**四川省与贵州省民族服饰**
		一	布依族服饰
		二	侗族服饰
		三	苗族服饰

续表

章 / 课时	课程性质 / 课时	节	课程内容
第五章/4	基础理论/32	四	羌族服饰
		五	水族服饰
		六	彝族服饰
第六章/8		•	**云南省民族服饰**
		一	阿昌族服饰
		二	白族服饰
		三	布朗族服饰
		四	傣族服饰
		五	德昂族服饰
		六	独龙族服饰
		七	哈尼族服饰
		八	基诺族服饰
		九	景颇族服饰
		十	拉祜族服饰
		十一	傈僳族服饰
		十二	纳西族服饰
		十三	怒族服饰
		十四	普米族服饰
		十五	佤族服饰
第七章/4		•	**广西壮族自治区民族服饰**
		一	仡佬族服饰
		二	京族服饰
		三	毛南族服饰
		四	仫佬族服饰
		五	瑶族服饰
		六	壮族服饰
第八章/2		•	**浙江、福建、广东、台湾、湖南、海南等省民族服饰**
		一	高山族服饰
		二	黎族服饰
		三	畲族服饰
		四	土家族服饰

注 各院校可根据自身的教学特点和教学计划对课程时数进行调整。

目 录

基础理论

第一章 黑龙江、吉林、辽宁、内蒙古自治区民族服饰…………………………………………………… 001

第一节 朝鲜族服饰 / 002

一、飘逸潇洒之灵动服饰 / 002

二、绚丽童装及丰富配饰 / 003

第二节 达斡尔族服饰 / 012

一、狩猎风格及丰富装饰 / 012

二、素雅刺绣与婚丧服饰 / 013

第三节 鄂伦春族服饰 / 015

一、狍皮文化之特色服饰 / 015

二、可爱童装及实用配饰 / 016

第四节 鄂温克族服饰 / 019

一、狩猎风格之兽皮服饰 / 019

二、御寒配饰及多样装饰 / 019

三、部落分布与服饰特征 / 020

第五节 赫哲族服饰 / 024

一、鱼皮部落之鱼皮服饰 / 024

二、古朴稚拙之鱼皮工艺 / 025

三、猎犬救主之服饰禁忌 / 029
第六节 满族服饰 / 030
一、适应骑射之男子旗袍 / 030
二、女子旗袍及民间刺绣 / 031
三、典型发式及特色木鞋 / 031
第七节 蒙古族服饰 / 038
一、草原风格之蒙古长袍 / 038
二、勇武绚烂之摔跤服饰 / 039
思考与练习 / 043

第二章 新疆维吾尔自治区民族服饰…………………………… 045

第一节 俄罗斯族服饰 / 046
一、西亚风情之男子服饰 / 046
二、丰富多彩之女子装扮 / 046
第二节 哈萨克族服饰 / 049
一、游牧特征之男女服饰 / 049
二、草原风情之手工刺绣 / 050
第三节 柯尔克孜族服饰 / 051
一、沿袭至今的十字圣帽 / 051
二、驼马伐步之特征女装 / 051
第四节 塔吉克族服饰 / 053
一、特色帽饰及刺绣技艺 / 053
二、男女装束及红色崇尚 / 054
第五节 塔塔尔族服饰 / 056
一、近欧风格之女子服饰 / 056

二、类似维吾尔族之男子服饰 / 057
第六节 维吾尔族服饰 / 057
一、绚丽多彩之女子服饰 / 058
二、粗犷奔放之男子服饰 / 059
第七节 乌孜别克族服饰 / 063
一、西北风情之男女服饰 / 063
二、民族特色之精美配饰 / 063
第八节 锡伯族服饰 / 065
一、能骑善射之胡服风格 / 065
二、融合兼收之服饰特征 / 066
思考与练习 / 067

第三章 宁夏回族自治区、甘肃省、青海省民族服饰…… 069

第一节 保安族服饰 / 070
一、宗教信仰之风格服饰 / 070
二、远近闻名之保安腰刀 / 071
第二节 东乡族服饰 / 072
一、素净交融之男女服饰 / 072
二、男女首服及特色配饰 / 073
第三节 回族服饰 / 074
一、标志特征之无檐白帽 / 074
二、整洁利落之男子服饰 / 075
三、淡雅素净之女子服饰 / 075
第四节 撒拉族服饰 / 078
一、广泛接触之服饰交融 / 078

二、伊斯兰教禁约之服饰 / 078
三、民间艺术之刺绣文化 / 079
第五节 土族服饰 / 080
一、五彩缤纷之丰富女装 / 080
二、畜牧农耕之典型男装 / 081
三、色彩考究及特色配饰 / 082
第六节 裕固族服饰 / 084
一、高领帽缨之典型女服 / 084
二、粗犷豪放之男子服饰 / 084
思考与练习 / 086

第四章 西藏自治区民族服饰…………………………… 087

第一节 珞巴族服饰 / 088
一、刀箭随身之服饰风情 / 088
二、狩猎特色之兽皮服饰 / 088
三、丰富饰件及多样发式 / 089
第二节 门巴族服饰 / 090
一、藏族风格及男子服饰 / 090
二、吉祥如意之独特女服 / 091
三、缺口小帽及舒适软靴 / 091
第三节 藏族服饰 / 092
一、英气豪放之男子服饰 / 093
二、典雅潇洒之女子服饰 / 093
思考与练习 / 098

第五章　四川省与贵州省民族服饰…………………………… 099

第一节　布依族服饰 / 100

一、手工技艺及美丽传说 / 100

二、独具个性之日常服饰 / 101

三、牛角形状之包头巾帕 / 102

第二节　侗族服饰 / 104

一、南北各异之服饰特色 / 104

二、崇拜意蕴之侗族服饰 / 105

第三节　苗族服饰 / 109

一、支系众多及典型裙装 / 110

二、壮观瑰丽之华丽银饰 / 110

三、巧拙刺绣及特色蜡染 / 111

第四节　羌族服饰 / 118

一、西戎牧羊之男女服饰 / 119

二、羌族女鞋之吉祥寓意 / 119

三、手镯寓意及各色饰物 / 120

第五节　水族服饰 / 121

一、轻便利落之衣裙襟袖 / 121

二、稳重规矩之素雅服色 / 122

三、含蓄谨慎之马尾刺绣 / 122

四、收敛端庄之银饰造型 / 123

第六节　彝族服饰 / 125

一、多姿多彩之凉山服饰 / 125

二、彝族男子之特色首服 / 126

三、坚贞爱情之定情腰带 / 126

四、鸡冠帽及钩尖绣花鞋 / 126
思考与练习 / 131

第六章 云南省民族服饰…………………………… 133

第一节 阿昌族服饰 / 134
一、游猎风格之服饰特色 / 134
二、神圣而神秘之高“屋摆” / 135
三、五彩斑斓之美丽衣衫 / 135
第二节 白族服饰 / 138
一、风花雪月之浪漫首服 / 138
二、崇尚白色及艳素相称 / 138
三、凄美传说之定情足服 / 139
第三节 布朗族服饰 / 141
一、发髻上的“三尾螺”首饰 / 141
二、低调融合的男女服饰 / 142
第四节 傣族服饰 / 143
一、美如孔雀之傣族女服 / 143
二、染齿文身及精美首饰 / 144
第五节 德昂族服饰 / 147
一、重重叠叠之藤篾缠腰 / 147
二、丰富多彩之各色装饰 / 147
三、衣裙款式与民间传说 / 148
第六节 独龙族服饰 / 149
一、标识特征之披毯为衣 / 149
二、颇具特色之配饰装扮 / 150

三、原始风情之文面习俗 / 150
第七节 哈尼族服饰 / 152
一、崇尚黑色及绚丽装饰 / 152
二、不同支系之迥异服饰 / 153
第八节 基诺族服饰 / 156
一、尖顶帽饰及长布包头 / 156
二、古朴素雅之服饰风格 / 156
三、特别耳饰及独特挎包 / 157
四、动人传说之服饰故事 / 157
第九节 景颇族服饰 / 159
一、光灿耀人之女子服饰 / 159
二、威武奔放之男子服饰 / 160
三、漂亮花裙及精美刺绣 / 160
第十节 拉祜族服饰 / 162
一、宽松大方之西南风格 / 162
二、头部装饰及支系服饰 / 162
第十一节 傈僳族服饰 / 165
一、独特风韵之男女服饰 / 165
二、妇女必备之“俄勒”头饰 / 165
第十二节 纳西族服饰 / 167
一、披星戴月之羊皮披肩 / 167
二、男子服饰之交融影响 / 168
三、哀悼死者之白布缠头 / 169
第十三节 怒族服饰 / 171
一、面刺青文及首勒红藤 / 171
二、怒毯裙子及交融特色 / 171

三、古朴素雅之男子服饰 / 171
第十四节 普米族服饰 / 172
一、白色为善之服饰习俗 / 172
二、交融互渗之女子服饰 / 173
三、简洁大方之男子服饰 / 173
第十五节 佤族服饰 / 175
一、原始风情之男子服饰 / 175
二、粗犷豪放之女子服饰 / 175
思考与练习 / 177

第七章 广西壮族自治区民族服饰…………………………… 179

第一节 仡佬族服饰 / 180
一、地区差异之服饰标识 / 180
二、服饰交融及织染技艺 / 180
三、椎结发髻之民间传说 / 181
第二节 京族服饰 / 182
一、简便飘逸之男女服饰 / 182
二、渔乡风情之传统木屐 / 182
三、尖顶斗笠及头部装饰 / 183
第三节 毛南族服饰 / 184
一、定情信物之特色竹帽 / 184
二、服饰特色及多彩装饰 / 185
三、禾剪与针之独特装饰 / 185
第四节 仫佬族服饰 / 186
一、朴素无华及以青为尚 / 186

二、银玉首饰及自制鞋帽 / 187
第五节 瑶族服饰 / 188
一、五色衣裳及丰富式样 / 188
二、纷繁复杂之丰富首服 / 189
三、五指白裤及王印图案 / 189
第六节 壮族服饰 / 193
一、精美壮锦及灵感来源 / 193
二、服色尚青及五色绣花 / 193
三、特色独具之“枷”“锁”首饰 / 194
思考与练习 / 196

第八章 浙江、福建、广东、台湾、湖南、海南等省民族服饰…………………………………… 197

第一节 高山族服饰 / 198
一、黥面文身及凿齿习俗 / 198
二、原始风致之多种主服 / 199
三、丰富多彩之独特饰品 / 199
第二节 黎族服饰 / 201
一、文面刺身之传统习俗 / 201
二、传统纺织之特色黎锦 / 202
三、热带气息之男女服饰 / 203
第三节 畲族服饰 / 206
一、隆重而祥瑞之凤凰装 / 206
二、生机勃勃之服饰纹样 / 207
三、精美绝伦之手工技艺 / 207

第四节　土家族服饰 / 210

一、五彩织锦之西兰卡普 / 210

二、独具魅力的男女服饰 / 210

三、镇邪驱鬼之露水长裙 / 211

四、六月初六与龙袍晾晒 / 212

思考与练习 / 214

参考文献……………………………………………………… 215

后　记………………………………………………………… 218

基础理论

第一章　黑龙江、吉林、辽宁、内蒙古自治区民族服饰

课题名称：黑龙江、吉林、辽宁、内蒙古自治区民族服饰

课题内容：朝鲜族服饰、达斡尔族服饰、鄂伦春族服饰、鄂温克族服饰、赫哲族服饰、满族服饰、蒙古族服饰

课题时间：4课时

教学目的：本章主要讲述以上7个少数民族服饰中最具特色的内容。重点讲述寒冷的气候条件及狩猎/骑射习俗对服饰特色形成的影响，分析其共性及个性。

教学要求：1. 了解以上7个少数民族服饰的特点。

2. 自选角度进行服饰分析或专业写作。

3. 任选以上少数民族服饰特色进行现代服饰设计。

课前准备：1. 了解东北三省、内蒙古自治区的气候特征及少数民族分布状况、性格特点等。

2. 收集与整理以上少数民族与服饰相关的省级以上的非物质文化遗产名录。

第一节 朝鲜族服饰

中国境内的朝鲜族，现有人口约183万[1]。主要聚居在吉林省延边朝鲜族自治州，吉林省其他地区及黑龙江、辽宁两省散居普遍。2008年6月14日，朝鲜族服饰经国务院批准列入第二批国家级非物质文化遗产名录[2]。

一、飘逸潇洒之灵动服饰

由于朝鲜族人民非常喜爱素白服饰，以示朴素、整洁、大方，故自古就有“白衣民族”之称，还自称“白衣同胞”。其服饰按穿着场合可分为便服和礼服。

朝鲜族女子服饰的显著特点为：短衣、长裙，无腰身。短衣，为斜领，领条一般以绣花或彩色绸带勾勒而成，领条底部，即胸前领下以蝴蝶结系扎宽条长绸带，绸带可及小腿或足面，多用红色等鲜艳颜色，并绣花装饰，也有统一在同色相的浅艳色彩中，有飘逸、潇洒之感。上衣款式短小，年轻女性所着短衣长仅30厘米左右，年长者衣身略长，但一般长度均不及腰。其结构简约，肩袖多采用连裁方式而成，接近袖口处多为弧形，袖口收紧，也有直线裁剪至袖口，造型干练。下裳为高腰长裙，腰线部布满细褶，宽松飘逸，面料多为丝绸材质，色彩或淡雅或鲜艳。颜色多以黄、白、粉红为主。短衣与高腰长裙的色彩搭配十分活跃，可同色，如全白；可补色对比，如短衣绿色，长裙红色；也可邻近色组合，如短衣浅蓝，长裙湖蓝；也有短衣白色，长裙展现丰富花型的组合，其搭配方式灵活多变。多以绣花装饰领中、袖口、绸带、裙摆等部位。足蹬船形鞋，多浅色。未婚女子头发后梳留一长辫。朝鲜族女子有头顶重物行走的习惯，长此以往，这也成为朝鲜族女子整体形象中的典型特征之一。总之，朝鲜族女子的服饰形象具有整体感和多样性，具有独特的艺术魅力。

朝鲜族男子服饰特点是裤裆和裤腿肥大，腰宽，裤脚以丝带扎系，俗称“跑裤”或“灯笼裤”，非常适合盘腿而坐。足蹬船形鞋，鞋头高翘。上衣多为素色，外罩深色坎肩，如棕、灰、黑等色，坎肩为对襟带纽扣，合体便捷，穿脱方便。朝鲜族传统男服中还有外着道袍或长袍者。道袍为过去士大夫、儒生的常服，后转变为正式场合男子所着礼服。根

[1] 该教材中55个少数民族人口数据参见2010年第六次全国人口普查统计结果。
[2] 类别：民俗；编号：X-109；申报地区：吉林省延边朝鲜族自治州。

据气候不同，有单、夹、棉之分，不但可御寒，还能体现朝鲜族男子的潇洒及矫健，穿着长袍一般要搭配礼帽。道袍或长袍扎系衣带，衣带颜色同衣服一色，其长度较女子短。但在节日或盛典上，衣带可垂至足面，以示隆重。有些地区还有男子年龄越大，衣带越长的习俗。

二、绚丽童装及丰富配饰

朝鲜族童装款式与成人无大区别，其最主要的特征是色彩的绚丽夺目，其面料以粉、绿、黄、蓝等锦缎为主。由于朝鲜族崇尚彩虹的光明和美丽，故幼儿上衣的袖筒通常以七种颜色相配的绸缎拼合而成，如彩虹般绚丽，寓意幼儿更加俊美和幸福。故而，此种上衣面料名为“七色缎”，上衣名为“彩虹袄”。

儿童一周岁生日的“抓周”是朝鲜族格外讲究的习俗仪式。这一天，周岁宝宝的服饰是由母亲精心缝制的民族服装。男孩的服饰为：头戴幅巾，腰系绣花荷包，上衣以红、黄、蓝、绿、灰、粉红、白七彩缎拼接缝制而成。而女孩的服饰主要为色彩绚丽的彩色裙子。民间关于朝鲜族周岁孩子穿七彩缎服饰习俗的缘由，主要存在三种解释：其一，勤劳节俭的朝鲜族妇女善于留存五颜六色的碎布，出于节俭的角度，给孩子做成衣服；其二，民间信仰的作用，认为孩子穿上七色彩衣，可以起到辟邪祛忧的作用；其三，视觉欣赏角度，七彩绸缎色彩爽朗、协调、喜庆，衬托孩子更加聪明伶俐。

朝鲜族首服中，象帽最具特色，是跳农乐舞时头上戴的帽子及固定在帽子顶部的羽毛和飘带的统称。朝鲜族象帽上的飘带最初是白色，如今演变为彩色，由单彩条变成双彩带、三彩带。根据彩带的长度，可分为短、中、长三种。其中，最长的象帽飘带由原来的10余米，延长到现在的32米。象帽舞的甩帽动作以平甩、左右甩、立甩为主，其“穿圈法”“三彩带甩动法”“短、中象帽飘带交替甩动法”是世界上独一无二的表演技法[1]。

其他首服，如黑笠、程子冠、宕巾、头巾、防寒帽、稻草制高帽、纸制三角帽、木制假面等，根据场合、气候等因素不同而佩戴。

朝鲜族传统足服，最早为木屐、革屐，亦有草鞋、麻鞋，后有绣花布鞋及袜，以儿童最为普遍。朝鲜族男女佩饰，最为突出的是头饰和腰佩。头饰如簪、钗等。腰佩如腰带、荷包等（图1-1~图1-25）。

---

[1] 参见延边博物馆。

图1-1　朝鲜族舞剧《长白山阿里郎》，安图县文化馆提供

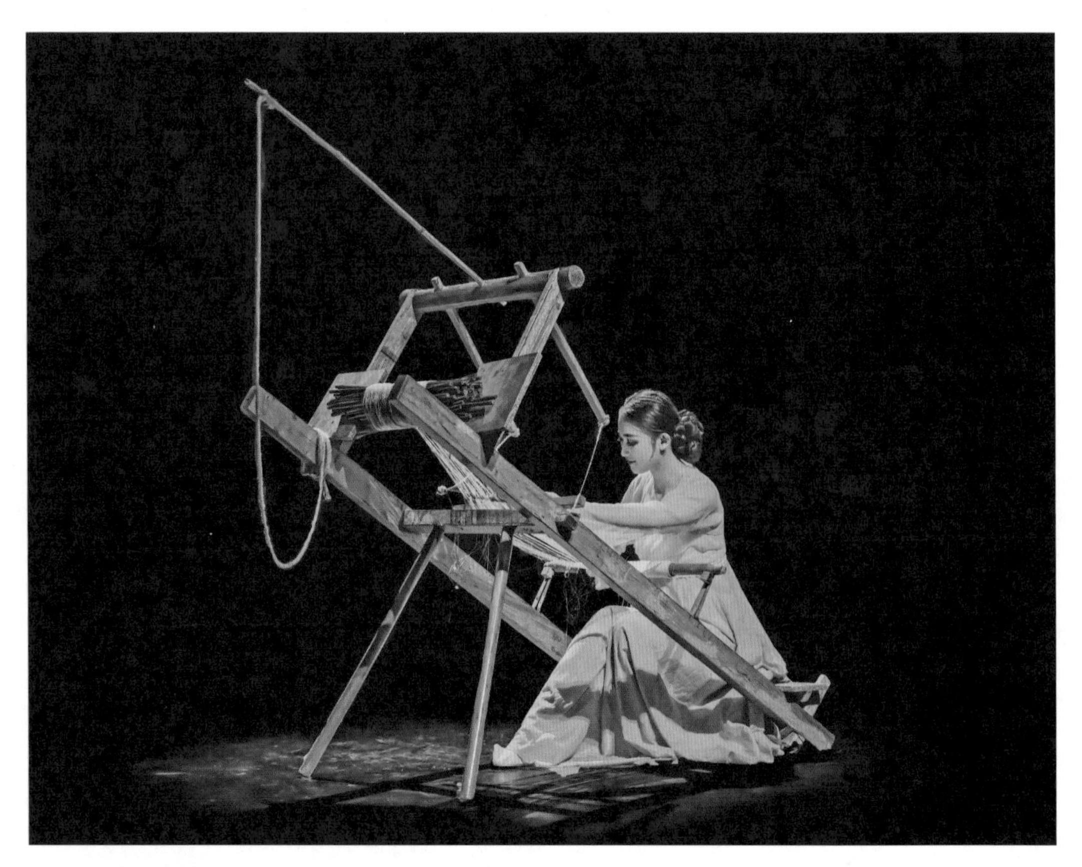

图1-2　朝鲜族姑娘纺织场景，安图县文化馆提供

图1-3　朝鲜族姑娘，安图县文化馆提供

图1-4　彩缎上衣及裙，延边博物馆收藏，张硕摄影

图1-5　三回装上衣，延边博物馆收藏，张硕摄影

图1-6　男子上衣及对襟坎肩，延边博物馆收藏，张硕摄影

图1-7　道袍，延边博物馆收藏，张硕摄影

图1-8　着白色素衣的朝鲜族人，延边博物馆收藏，张硕摄影

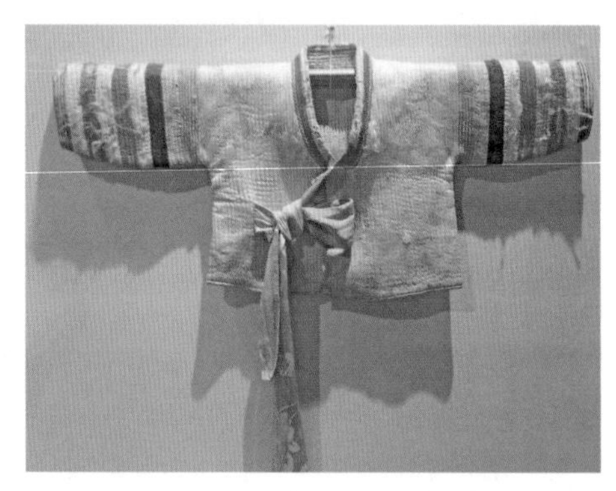

图1-9　童装上袄，延边博物馆收藏，张硕摄影

图1-10　朝鲜族绣仙鹤纹补子，上海博物馆收藏，厉诗涵摄影

图1-11　30米长缎带象帽（吉尼斯纪录），延边博物馆收藏，张硕摄影

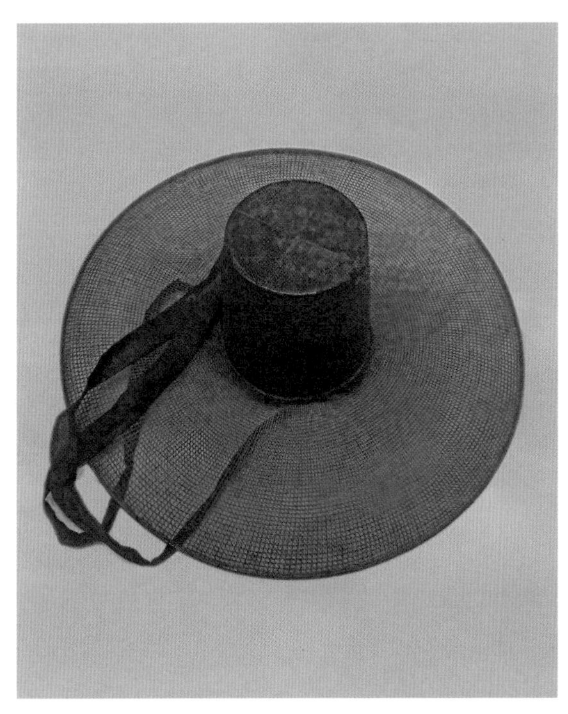

图1-12　黑笠，延边博物馆收藏，张硕摄影

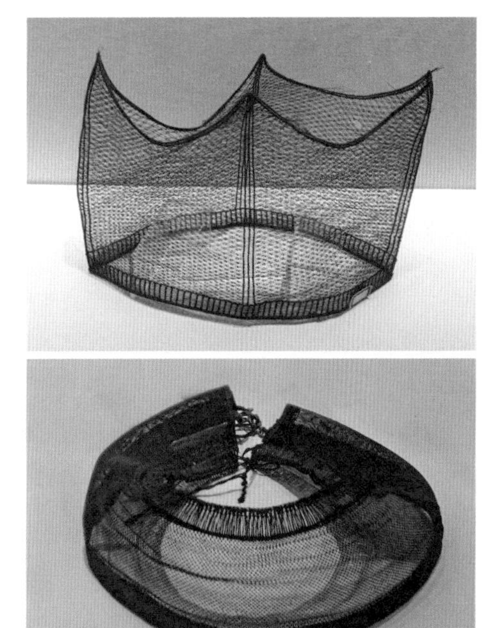

图1-13　程子冠，延边博物馆收藏，张硕摄影

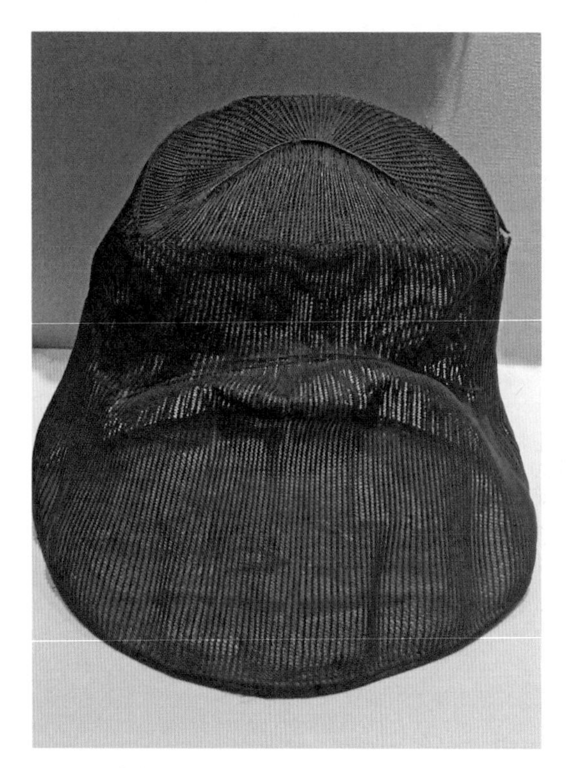

图1-14　宕巾，延边博物馆收藏，张硕摄影

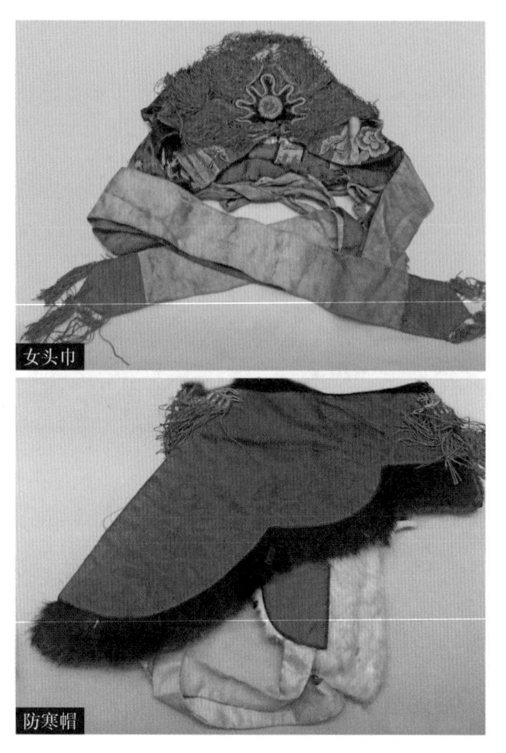

图1-15　头饰，延边博物馆收藏，张硕摄影

图1-16　稻草制高帽，延边博物馆收藏，张硕摄影

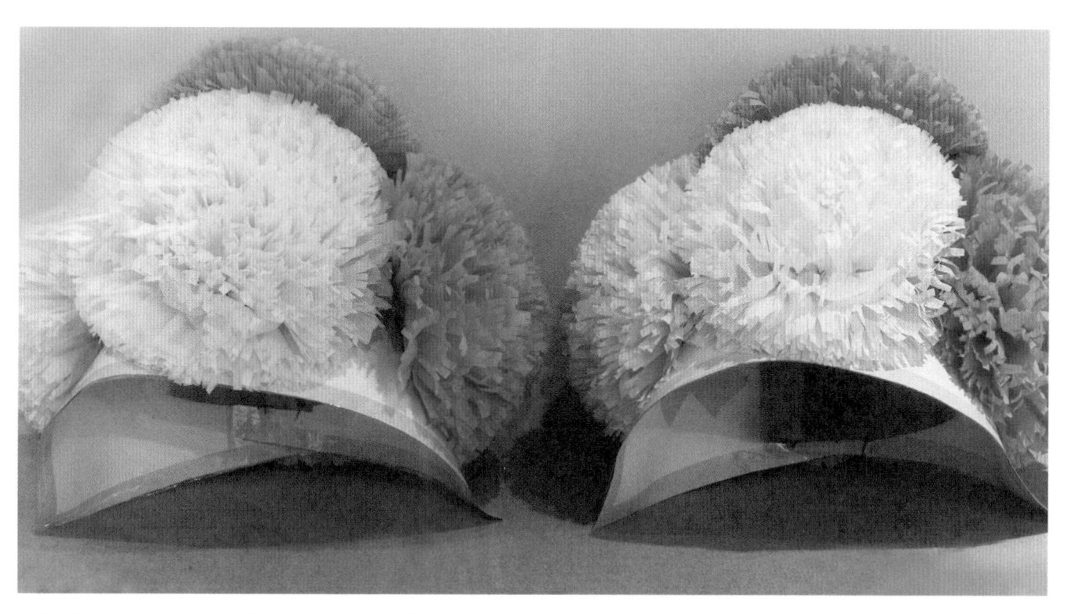

图1-17　纸制三角帽，延边博物馆收藏，张硕摄影

图1-18　木质假面，延边博物馆收藏，张硕摄影

图1-19　木屐，延边博物馆收藏，张硕摄影

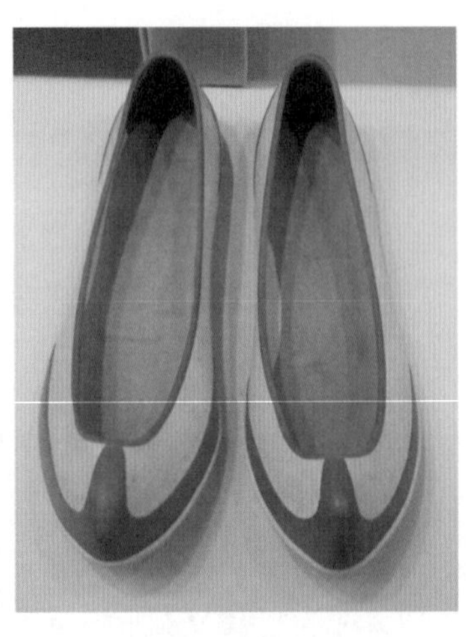

图1-20　钩鼻鞋，延边博物馆收藏，张硕摄影

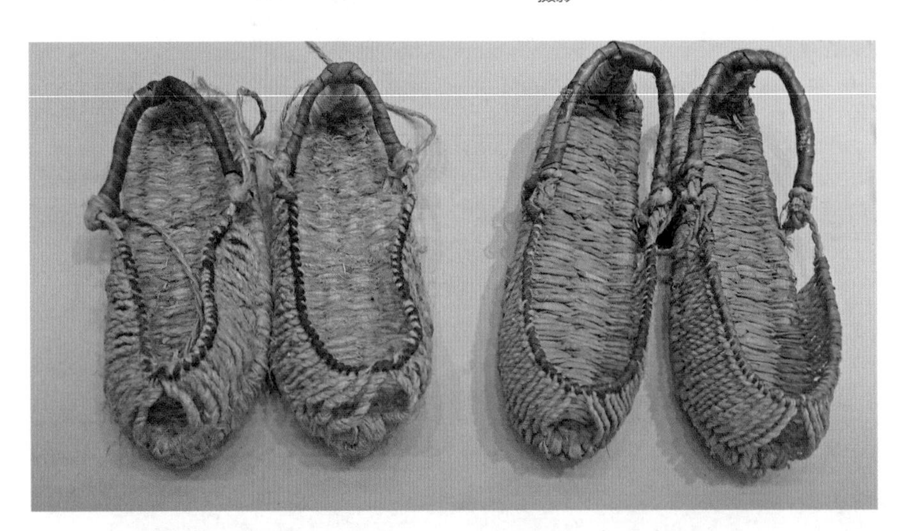

图1-21　麻草鞋，延边博物馆收藏，张硕摄影

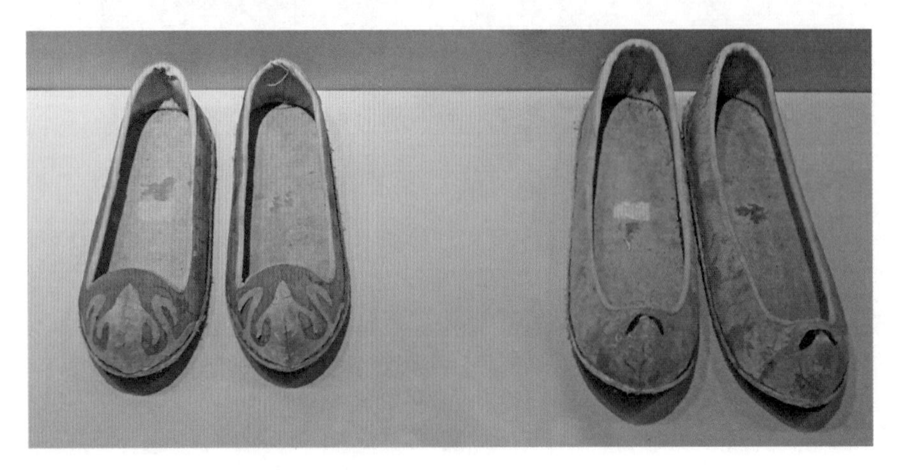

图1-22　云鞋，延边博物馆收藏，张硕摄影

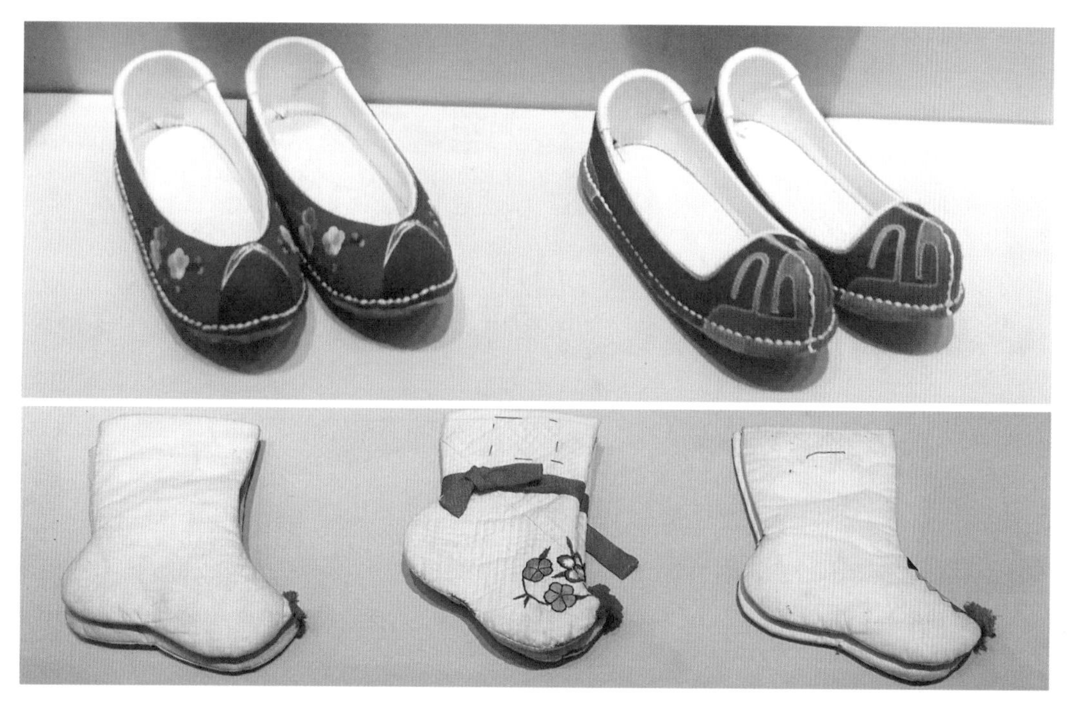

图1-23　童鞋及布袜，延边博物馆收藏，张硕摄影

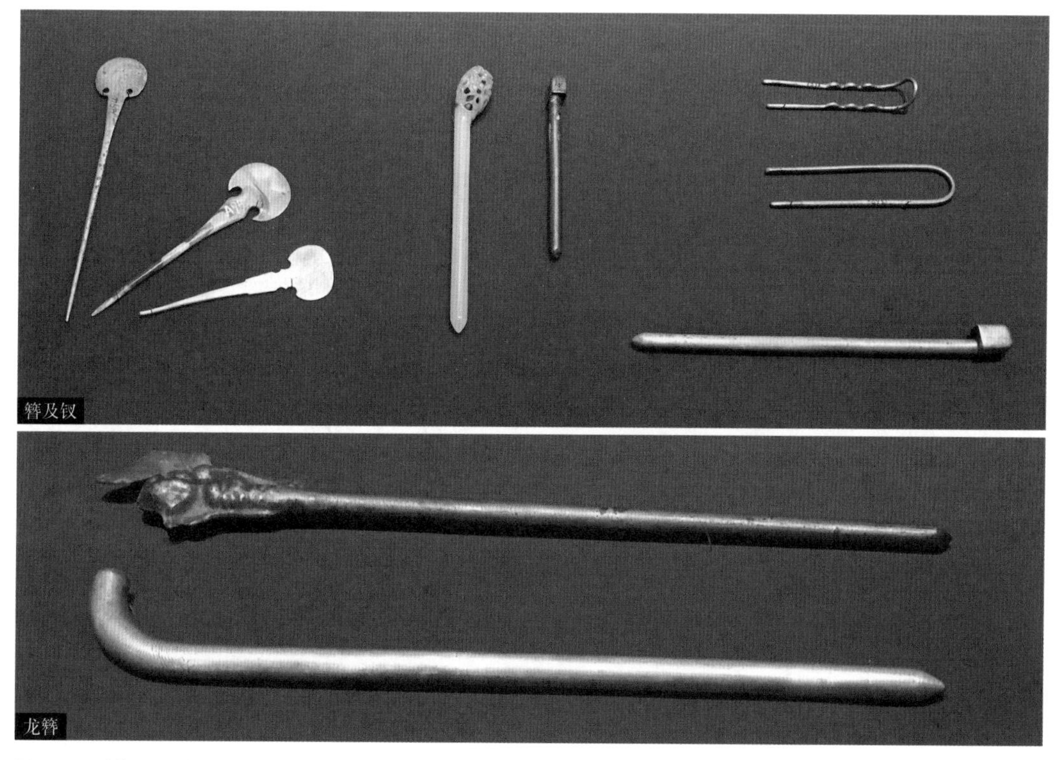

图1-24　头饰，延边博物馆收藏，张硕摄影

图1-25 五作配饰，延边博物馆收藏，张硕摄影

第二节 达斡尔族服饰

达斡尔族，现有人口13万余人。世居黑龙江两岸、嫩江流域广大地区。现主要聚居在内蒙古自治区、黑龙江省、新疆维吾尔自治区等地。内蒙古莫力达瓦达斡尔族自治旗是中国唯一以达斡尔族为主体的少数民族自治旗，也是达斡尔族居住最为集中的地区。2014年11月11日，达斡尔族服饰经国务院批准列入第四批国家级非物质文化遗产名录[1]。

一、狩猎风格及丰富装饰

达斡尔族传统服饰具有浓郁的狩猎风格，同时，融入了蒙古族、满族服饰特色。

女子早期服饰质料以狩猎所获得的皮毛为主，清朝以后衣料则以布匹为主。其颜色多崇尚蓝、黑、灰等。服装款式为右衽宽袖过膝长袍，袍下多裁成顺畅的裙状，裙身较长，多在裙身两侧开衩并镶绲宽缘边，也有少部分在前襟下摆处开衩并缘边。袍袖较宽，在衣领、开襟、下摆、袖口等处亦以缘边装饰，其图案精美，极具地方特色。通常在袍衫之外再套上一件绣花坎肩，头部以头巾为饰，足蹬绣花皮靴。达斡尔族女子还十分重视首饰的装饰，喜在头部插金属簪笄、绢缎花卉，除此之外，耳环、耳坠、手镯、戒指等也非常普遍，且材质多样。

男子穿大襟宽大长袍，长至膝部，春秋穿刮掉毛的狍皮[2]袍，寒冷的冬季穿毛朝里的皮袍，除此之外，布制袍子、裤子在现代也非常普遍，一般以蓝色、灰色为主，在前襟下

[1] 类别：民俗；编号：X-154；申报地区：内蒙古自治区呼伦贝尔市。

[2] 随着全球自然资源及野生动植物保护意识的不断提升，越来越多的动物保护协会、组织等国际团体共同倡导抵制皮草，号召人们放弃使用动物皮毛制品。时装界越来越多的设计师顺应时势，在原材料选择时放弃使用动物皮，使用人造皮革和PU皮质面料。——编者注

摆前中缝、后中缝处开衩并饰以缘边，便于乘骑，缘边多饰绣云纹、八宝纹。腰间束以宽大腰带，一侧打结或打结后下垂。受到寒冷气候条件影响及狩猎环境的伪装作用，喜戴以狍子头的原型制作成的帽子，可见其双耳挺立，两个犄角也成为帽子的组成部分，还喜欢以狼、狐狸等头皮做成帽子，均追求形象逼真效果。着高筒绣花皮靴，多以狍、犴、牛等皮制成，男子喜佩短刀，短刀也就成为男子装饰自身的主要饰品，除此之外，手套、套裤、腰带等配饰，既是实用品也是装饰品。

二、素雅刺绣与婚丧服饰

达斡尔族的刺绣素雅而大方。工艺可分为平绣、剪纸绣、锁绣、折叠绣等多种形式，刺绣的部位非常广泛，如生活用品：背枕、枕头顶、摇篮顶、烟荷包、钱搭袋等，又如服饰局部：手套、手帕、领口、袖口、襟摆、鞋面等。纹样题材丰富多彩，包含动物纹、植物纹、几何纹、吉祥纹等，还多以山水树木、日月云霞、小桥流水、亭台楼阁、神话传说等为表现对象，人物故事则受汉民族文学影响，以《封神演义》《三国演义》《西游记》《水浒传》《西厢记》等作品中的人物形象较为多见。在色彩及造型上，都极具本民族特色。早年因以皮毛为主要衣饰原料，刺绣也多在皮毛制品上，清中后期，刺绣装饰多体现在布匹和绸缎上。

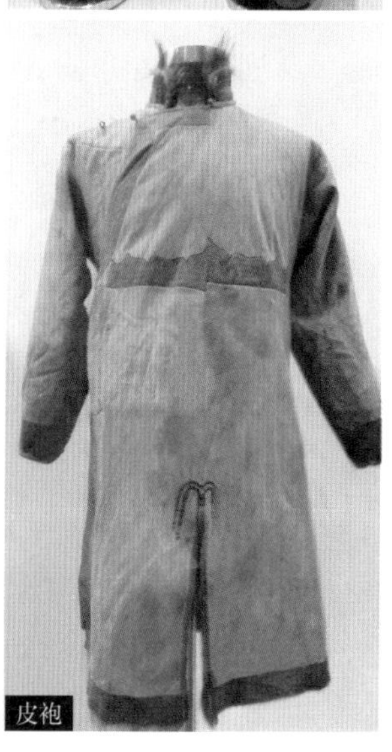

图1-26 达斡尔族袍，新疆维吾尔自治区博物馆收藏，倪文杨摄影

刺绣是达斡尔族传统文化的重要表现形式之一，也受到了汉族、满族刺绣艺术的影响。除却日常生活中运用之外，在其婚俗及丧俗中也多有体现。

达斡尔族妇女无不擅长刺绣手工艺。女孩子普遍从十三四岁便开始学习刺绣，婚嫁之时，新娘需要佩戴丰富多彩的刺绣品，还需妯娌、女友及全村妇女对其绣品进行品评。在自己的婚礼上，新娘的刺绣技艺会得到诸多女性的赞誉或嘲讽。刺绣技艺水平的优劣成为品评新娘家教和道德好坏的尺子。

达斡尔族刺绣装饰还体现在寿衣、寿鞋及其他佩饰等物品上，达斡尔族妇女多在中青年时期就为自己的寿衣进行准备了，通常会把自己的成品或半成品绣品收藏起来备用，以半成品为多（图1-26~图1-30）。

图1-27　达斡尔族生活场景，新疆维吾尔自治区博物馆收藏，倪文杨摄影

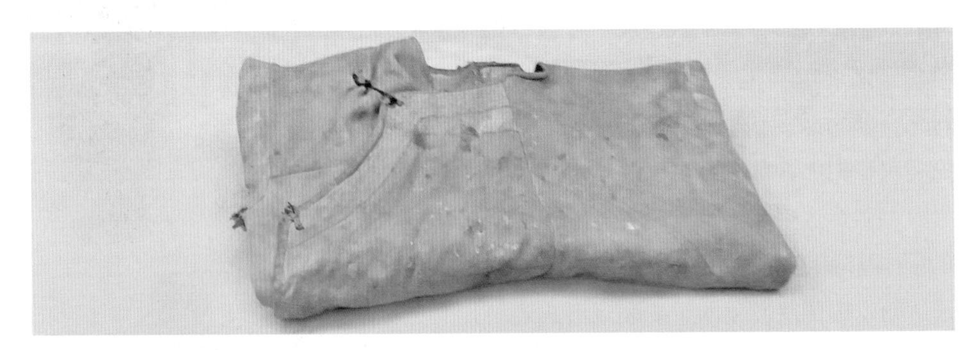

图1-28　达斡尔族袍皮衣，达斡尔民族博物馆收藏，李思琪摄影

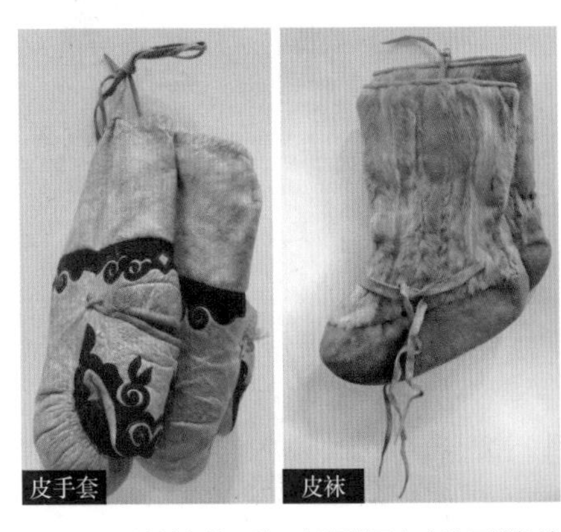

图1-29　达斡尔族服饰，新疆维吾尔自治区博物馆收藏，倪文杨摄影

图1-30　达斡尔族袍皮套裤，达斡尔民族博物馆收藏，李思琪摄影

第三节　鄂伦春族服饰

鄂伦春族，现有人口8659人。主要分布在内蒙古呼伦贝尔市、鄂伦春自治旗以及黑龙江省黑河、大兴安岭、伊春等地区。2008年6月14日，鄂伦春族狍皮制作技艺经国务院批准列入第二批国家级非物质文化遗产名录[1]。

一、狍皮文化之特色服饰

鄂伦春族历史上以游猎为生，兼采集和捕鱼，信仰萨满教。现已定居，发展了畜牧业和农业。在长期的游猎生活中，鄂伦春族独具匠心，鞣制皮革技术非常娴熟，服装多用狍皮制作，形成了完美而独特的狍皮文化。头戴完整狍头形帽成为该民族服饰形象中最具典型性的服饰标识。旧时，鄂伦春族春夏秋冬狩猎的主要对象即为狍子。狍皮自然就成了男女服饰的主要原料。其鞣制皮革工艺十分考究，服饰面料所用狍皮经鞣制后结实又柔软，并镶补有各种花纹图案。冬季用以御寒的皮袍所用狍皮绒毛较厚，春秋季的衣袍用料所用狍皮毛很短，色泽偏红。夏季的衣服干脆把皮子上的毛刮干净，以光皮板制作而成。以狍子皮制作而成的袍子，长至膝盖以下，前后均开衩，便于骑马。前胸、领缘、袖缘、底摆、侧开衩以染色狍皮镶边装饰，增强了服饰的美感和灵动性。鄂伦春族男子裤子十分注重保暖，裤脚处折起来以带子系牢，塞进皮靴。为了达到更好的御寒效果，还要外穿皮套裤。皮套裤为光板状，多以鹿、驼鹿等皮制成，耐磨而柔软，穿着方便。

而女袍较长，至脚面，左右开衩。冬天所穿一件皮袍约用六七张狍皮拼接、裁制而成。春秋季因衣长较冬季短，则相对省料。女皮裤款式似现在有兜肚的背带裤，裤腰从两侧向前折，以腰带系扎。

也有以鹿皮为原料制成的服饰，一般制成厚重而保暖的坎肩，做工精细，在领口、衣摆、袖窿处以条纹进行装饰。

鄂伦春族男女皮袍的款式基本相同，均为右衽。皮袍上以简单纹样或皮条进行装饰，简洁、大方。袍边及袖口处通常镶有薄薄的皮子，不仅美观，且耐用，衣领处通常以猞利皮、狐狸皮进行装饰。通常男子皮袍以黑褐色、黄色皮条进行边缘装饰，女子皮袍也多出现镶边装饰，在领口、袖口、衣角、大襟、开衩处还绣以多种花纹进行装饰，且讲究对称，花纹有野生花卉、山林花草、天边云霞、水中鱼虾、“回”形纹等。

---

[1] 类别:传统手工技艺;编号:Ⅷ-112;申报地区:内蒙古自治区鄂伦春自治旗、黑龙江省黑河市爱辉区。

二、可爱童装及实用配饰

鄂伦春族的儿童服饰依然以动物皮为材料，有趣的是皮袍的样式与大人完全一致，但去掉了绣花、镶边装饰，在袖口处和衣摆处接上一条美观的皮子以装饰。为了体现童真，常在皮袍上缝坠珠贝、铃铛、纽扣等。随着孩子奔跑嬉戏，悬坠物的碰撞声清脆悦耳，不但可以方便听到孩子在哪玩耍，还增添了可爱气息。

狍头帽是用猎获而来的狍头制作而成的，造型上保留了向上翘起的两只角及耳朵，帽里衬布，在狍眼位置镶以黑色毛皮做装饰，帽子的底缘处接一圈毛皮做成可上下翻转的帽耳。狍头帽不但具有防寒保暖的功能，在狩猎时，还能起到迷惑猎物的作用，狍头帽在鄂伦春族服饰形象中最具代表性。除了狍头帽，猞猁皮帽也是鄂伦春族首服中的典型样式，妇女常佩戴，还佩戴镶有狐狸皮或猞猁皮的毡帽，与狍头帽风格一致，帽顶左右前后竖有四耳。妇女还以围巾、贝壳头箍做装饰。

由于气候寒冷，地面积雪长期不断，且长期森林狩猎，鄂伦春族常年着皮靴。其底通常选用结实牢固的鹿脖子皮、野猪皮、驼鹿皮、熊皮纳成，靴腰选用狍、鹿、驼鹿腿皮，内套狍皮袜，这种足服装备适合积雪中狩猎，既防寒保暖，又轻便柔软。夏天也穿靴，选用去掉毛的狍皮做成矮腰款。

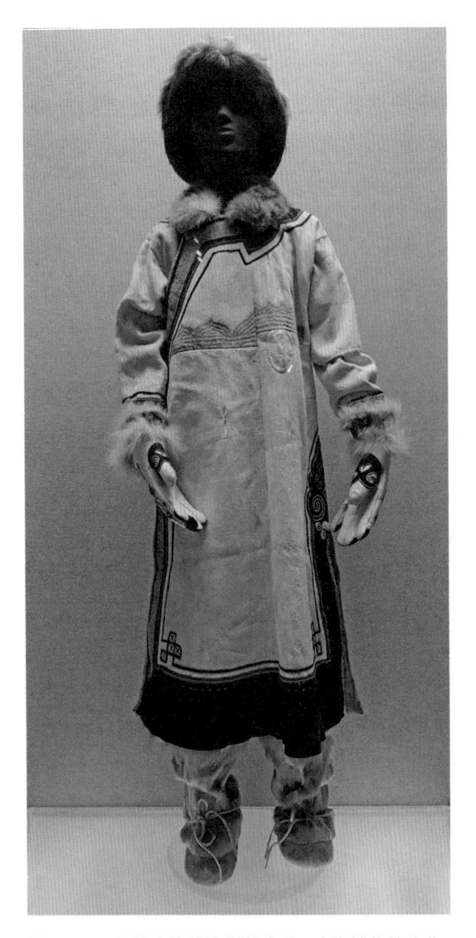

图1-31 鄂伦春族镶边拼花皮服，上海博物馆收藏，郑卓摄影

鄂伦春族过冬手套主要有两种，一种非常适合狩猎，款式特征为大拇指与四指分开，四指不分开，整体造型为长方形，前端圆头状，在手掌处留口。平时不影响取暖，而在狩猎时可随时将手从手掌处的口子处伸出射击，非常具有实用功能。手套上装饰有简约、粗犷的纹样。另一种为五指手套，做工精致，手腕处镶缝狐狸皮、貂皮等以取暖并装饰，手背中及手指上以绣花装饰，因其做工精致，图案细腻，寓意吉祥，常作定情之物。

心灵手巧的鄂伦春族妇女还将不同颜色的皮革进行拼缝，并刺绣各种花纹，将边角料充分利用，做成各种佩饰，装饰在皮箱、皮兜、腰带、枪套、猎刀把上等，还制作成各种小装饰品，如香囊、荷包等。无不体现鄂伦春族的地域文化特征（图1-31~图1-38）。

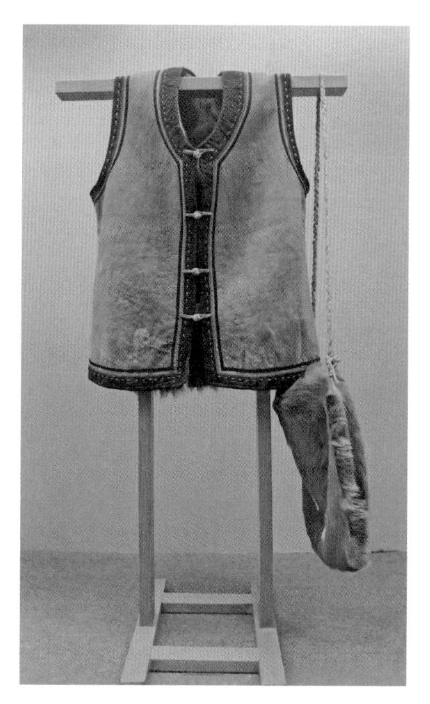

图1-32　鄂伦春族鹿皮坎肩（20世纪早期，内蒙古鄂伦春旗），北京服装学院民族服饰博物馆收藏，翁东东摄影

图1-33　鄂伦春族男子服饰形象，北京服装学院民族服饰博物馆收藏，翁东东摄影

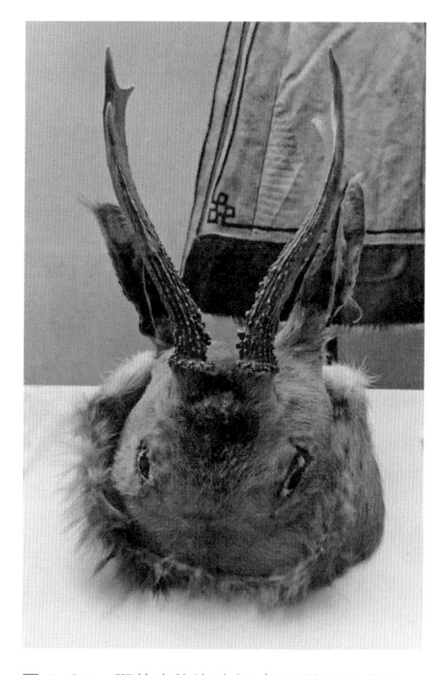

图1-34　鄂伦春族狍头帽（20世纪早中期，内蒙古鄂伦春旗），北京服装学院民族服饰博物馆收藏，翁东东摄影

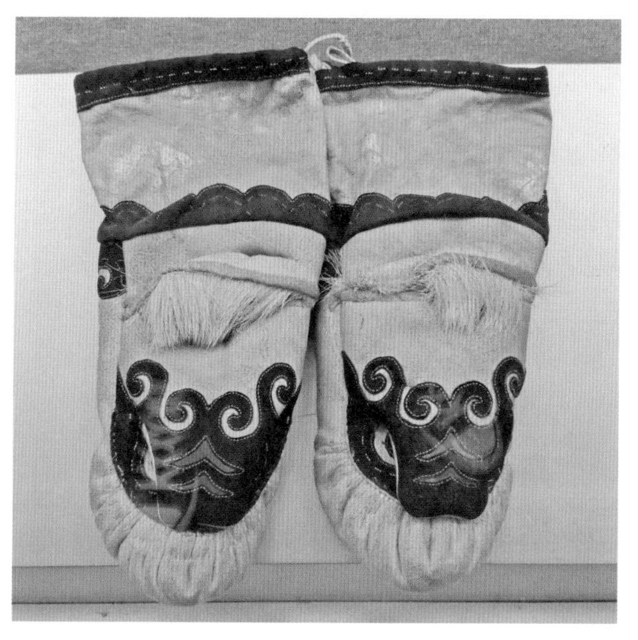

图1-35　鄂伦春族狩猎手套（20世纪早中期，内蒙古鄂伦春旗），北京服装学院民族服饰博物馆收藏，翁东东摄影

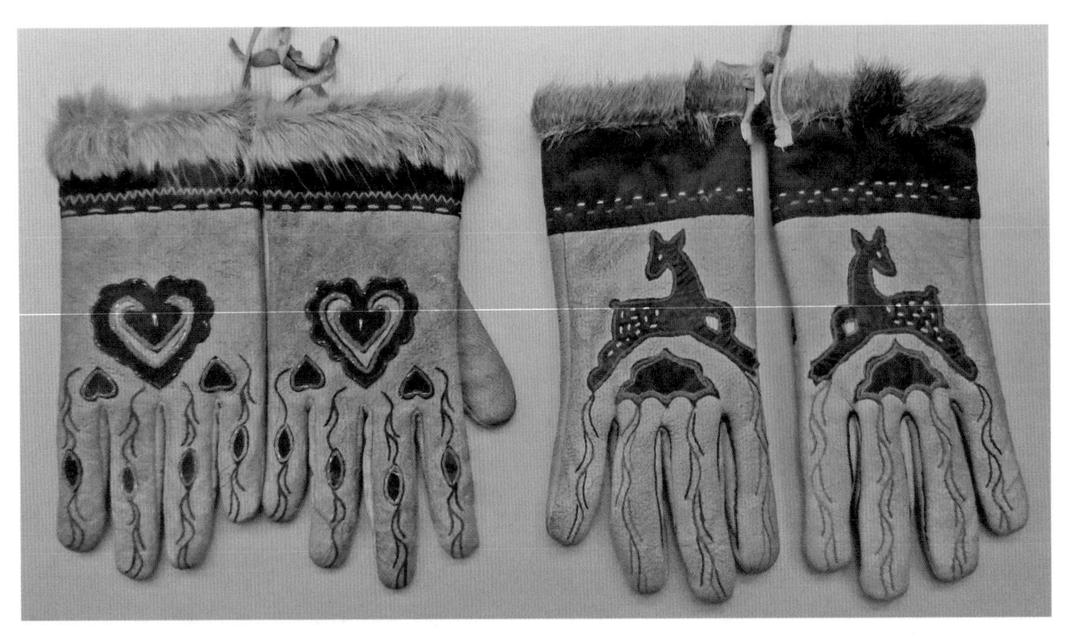

图1-36　鄂伦春族绣花皮手套（20世纪中期，内蒙古鄂伦春旗），北京服装学院民族服饰博物馆收藏，翁东东摄影

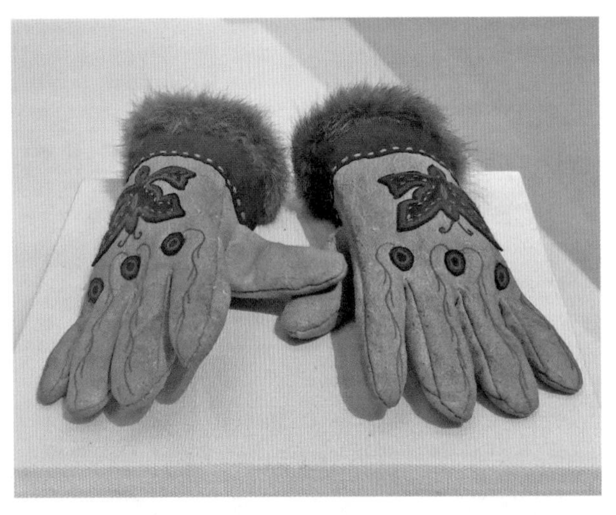

图1-37　鄂伦春族手套，中央民族大学民族博物馆收藏，翁东东摄影

图1-38　鄂伦春族鹿皮包（20世纪早中期，内蒙古鄂伦春旗），北京服装学院民族服饰博物馆收藏，翁东东摄影

第四节　鄂温克族服饰

鄂温克族，现有人口3万余人。主要散居在黑龙江省和内蒙古自治区。2014年11月11日，鄂温克族服饰经国务院批准列入第四批国家级非物质文化遗产名录[1]。

一、狩猎风格之兽皮服饰

鄂温克族在气候寒冷的东北地区，长期以狩猎为生，并主要从事畜牧业，其传统服饰无不散发着狩猎风格的魅力。其传统衣料多为兽皮，衣裤鞋帽都以兽皮、兽毛缝制而成。在寒冷的冬季，皮厚毛长的兽皮成为首选，而春秋则选用毛短的兽皮，甚至在夏天也习惯用光板皮做成服饰。动物皮料中，有狍皮、羊皮、鹿皮等，以羊皮使用最为广泛，其服饰及日用品丰富，如袍子、长裤、套裤、靴帽、手套、褥子、坐垫等，涵盖穿、戴、铺、盖等用途。

主服宽松而肥大，长袍多为斜襟，衣袖多宽大，男子袍襟、袖、领处以花边镶绣装饰。喜在腰间束以宽腰带，带首以绣花装饰，并附垂穗。女子长袍款式为窄袖，紧腰配宽大百褶式裙，长短不定。另有短皮上衣、羔皮袄，多在婚嫁或节日穿着。服饰具有很强的御寒功能。直至清末，才出现布料制衣。男女服饰中均可见边缘装饰，如在襟摆、领缘等处多出现以布或羔皮镶边装饰。鄂温克族服饰中多出现蓝、绿、黑色，少见红、黄色，且认为白色仅为孝服所用，就连内衣也忌讳用白色。用于保护膝盖、腿部不受寒袭的皮套裤表面贴补绣有各种花纹，具有一定的装饰效果。鄂温克族农区所着衣袍镶边衬里，长袍外罩或长或短的坎肩；而牧区服饰则似蒙古族长袍，饰纹丰富多彩，多用金银线及缀饰。在领缘、肩部、胸背部、底摆开衩等处均装饰有繁复多变的云卷纹样。

旧时，鄂温克族服饰具有一定的阶级性，其服饰标识着社会地位、等级、礼节等。从男子袍服开衩上看，官员的袍子前后左右四开衩，而平民百姓则为两开衩。衣扣也很有讲究，有铜、木、骨、银、翡翠、玛瑙、珊瑚等材质，平民百姓衣衫上只能钉五粒扣，官员则不同，其下摆开衩处也有十几粒扣。

二、御寒配饰及多样装饰

受寒冷气候条件影响，鄂温克族十分重视首服、足服、手服等的御寒功能。男女冬季

[1] 类别：民俗；编号：X-155；申报地区：内蒙古自治区陈巴尔虎旗。

戴圆锥形皮帽，多选用羔皮、水獭皮、猞猁皮等，两侧盖住耳朵，顶端缀以多条红缨穗装饰。夏戴布制单帽。妇女广泛佩戴各种首饰，如耳环、手镯、戒指、刺绣腰带等，珊瑚、玛瑙、银牌、银圈等都是其不可或缺的装饰材料。男女足服为长筒软靴。男靴一般不做装饰，而女靴正面绣以鹿角纹样。其中，最为耐磨和普遍的是用狍腿皮做的靴子，既轻便舒适又防寒防潮。手服仍以保暖、实用为主，款式多样，其中五指手套、手焖子均以动物皮制作而成，其上刺绣纹样灵动，简约大方，且具有地方特色。

三、部落分布与服饰特征

使鹿鄂温克族旧时生活在额尔古纳河右岸的森林中，现定居在内蒙古呼伦贝尔市所辖的根河市敖鲁古雅鄂温克民族乡，主要从事传统的驯鹿业生产，2003年搬迁以来逐渐从事旅游业的发展。使鹿鄂温克族是三个部落里人口最少的一部分，几十年来人口一直徘徊在200人左右。其服饰特点受其生活环境的影响，多数以鹿皮或其他兽皮制作衣饰等。

索伦鄂温克族主要分布在内蒙古呼伦贝尔市所辖鄂温克族自治旗、莫力达瓦达斡尔族自治旗、扎兰屯市、阿荣旗市，黑龙江省讷河市、嫩江县，新疆塔城市。其服饰特点在于领口和袖口上多绣有“祥云”图案，象征着索伦鄂温克信奉天地，与自然和谐共处的生存之道。

通古斯鄂温克族居住在内蒙古呼伦贝尔市陈巴尔虎旗鄂温克族苏木和呼伦贝尔市鄂温克族自治旗锡尼河东苏木。由于通古斯与当地的蒙古族分支布里亚特族通婚融合，所以他们的服装与蒙古族的服装差异不是很明显，有很多相似之处。其服装特点为，胸口有“厂”字形开襟[1]（图1–39~图1–47）。

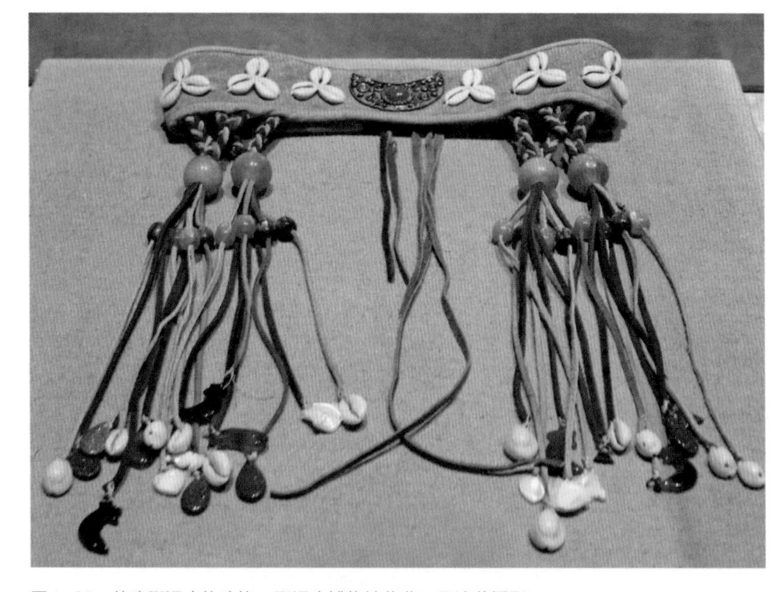

图1–39　使鹿鄂温克族头饰，鄂温克博物馆收藏，吕泊菲摄影

[1] 参见鄂温克博物馆。

图1-40 使鹿鄂温克族劳动场景，鄂温克博物馆收藏，吕泊菲摄影

图1-41 索伦鄂温克族服饰，呼伦贝尔市鄂温克族自治旗，程朝贵摄影

图1-42 索伦鄂温克族服饰，呼伦贝尔市鄂温克族自治旗，程朝贵摄影

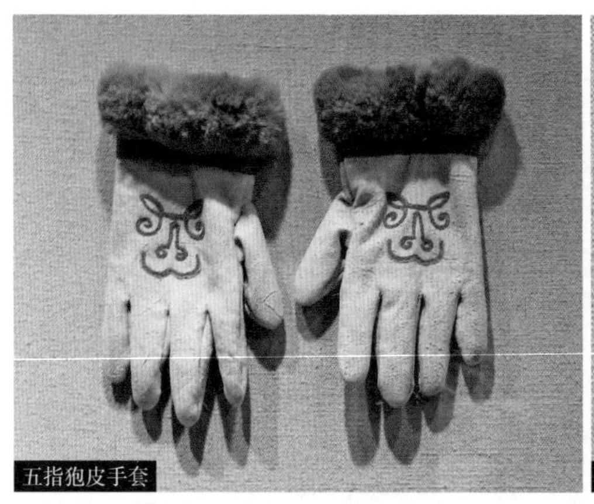

图1-43 索伦鄂温克族服饰，鄂温克博物馆收藏，吕泊菲摄影

图1-44 索伦鄂温克族荷包，鄂温克博物馆收藏，吕泊菲摄影

图1-45

图1-45　通古斯鄂温克族服饰，呼伦贝尔市鄂温克族自治旗，程朝贵摄影

图1-46　通古斯鄂温克族妇女头饰，鄂温克博物馆收藏，吕泊菲摄影

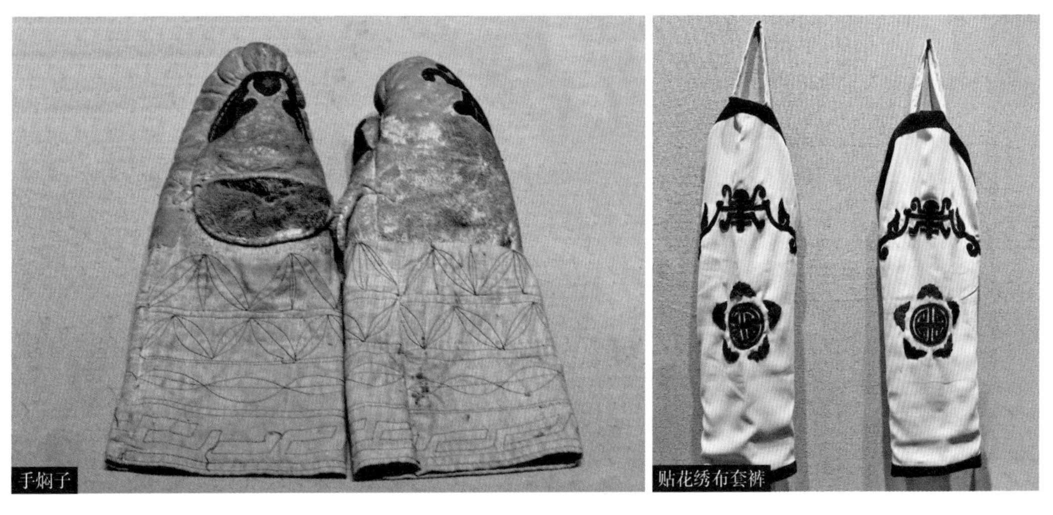

图1-47　通古斯鄂温克族服饰，鄂温克博物馆收藏，吕泊菲摄影

第五节　赫哲族服饰

赫哲族，现有人口仅5354人。主要聚居在黑龙江省同江县街津口、八岔乡和饶河县西林子等地。2006年5月20日，赫哲族鱼皮制作技艺经国务院批准列入第一批国家级非物质文化遗产名录[1]。2018年5月21日，赫哲族鱼皮制作技艺入选第一批国家传统工艺振兴目录。

一、鱼皮部落之鱼皮服饰

赫哲族世代逐水而居，以渔猎为生，信仰萨满教。在依靠自然资源生存的年代，赫哲族创造了特色独具的鱼皮文化，以鱼皮代替棉、麻等纺织物，鱼皮文化艺术与鱼皮制衣技术是其民族智慧与文化的核心及文明的体现，经本族人代代相授，传承至今。“鱼皮部落”是世人送给赫哲族的符号性称谓，以鱼皮制作服饰在中国历史上也仅存在于赫哲族。男女老少均着鱼皮衣、鱼皮套裤、鱼皮靰鞡、鱼皮帽。多以鱼骨为扣，在衣领、袖、前片、后片等部位进行鱼皮纹样贴补绣装饰。

赫哲族的鱼皮衣款式上受到满族服饰的影响，局部款式特征似旗袍，旧时，妇女均以此服为尚，不但款式独特，且是妇女心灵手巧的标志性体现。其款式修长，一般长过膝盖，收腰设计，袖身宽且短，有领窝却无衣领，衣襟处宽松，便于劳作。习惯以鱼皮雕刻花纹进行缘边装饰，也多见在前襟、后背等显著位置进行鱼皮花纹装饰，先粘贴，再缝绣固定。

因赫哲族信奉萨满教，所以，其服饰图案表现出对祖先、神灵、自然的崇拜。图案强调装饰的趣味性，变幻无穷，如鹰、天鹅、鹿、羊、虎、豹、熊、草、树、日、月、星、云、雨、风、火、山、水等动植物及自然万物。在赫哲族的服饰图案中，鹿的形象最为常见，这是因为鹿是东北森林中比较常见的动物，鹿与赫哲族人的生活密不可分，且在萨满教中尊鹿为神，鹿有长青和长寿之寓意。淳朴的赫哲族人在长期的生产生活中，塑造出了造型夸张、千姿百态、创新变幻的服饰图案，如将鹿角夸张成螺旋纹、将鹿尾夸张成马尾状、将鹿腿刻画成曲线形枝丫状。在赫哲族的服饰图案中还经常出现龙的形象，与满族、汉族一样，赫哲族同样认为龙是具有灵性的，是人的庇护神。赫哲族人如果背部出现疼痛等症状，就会用鱼皮或皮革剪出两头相对的龙的形象缝绣在长袍背部中央，据说可以化解疼痛。龙体有波浪状及螺旋形，龙头有正面两眼及侧面一眼；有的带角，有的不带；有的有腿，有的无腿。北方民族的萨满文化中将鹰奉为善神，认为鹰不仅能保护鱼棚，抵御其他鸟类侵袭，还能保护人，所以，在赫哲族的图案中鹰非常多见，寓意吉祥。

[1] 类别:传统技艺;编号:Ⅷ-85;申报地区：黑龙江省的饶河、抚远两县。

赫哲族女子具有很强的艺术天分，她们随心所欲，信手拈来，制作的丰富多彩的鱼皮剪刻图案栩栩如生，这些图案不仅用于服饰，还常用来装饰桦皮生活用具、挂毯等工艺美术用品。她们还习惯以鱼骨、铜铃、贝壳等为饰，鱼骨磨制后做成纽扣是赫哲族鱼皮服饰中的又一亮点。

赫哲族的传统鱼皮套裤为外套裤，男女均穿，抗寒耐磨、结实耐用，除了日常穿着，还适合狩猎、劳作时穿用。上端齐口，注重裤脚的装饰，或镶边或刺绣花纹。一般取怀头鱼、哲罗鱼、狗鱼皮晾干鞣制后为材料缝制而成，内衬棉布短衬裤。

赫哲族鱼皮服饰除了上述鱼皮衣、鱼皮套裤之外，还有很多服饰品、生活用品、工艺品等，均为鱼皮制作，如靰鞡鞋、手焖子、帽子、绑腿、包饰等，均设计独特，缝制精美。

二、古朴稚拙之鱼皮工艺

赫哲族以鱼皮制衣，其传统工艺主要包括熟制、缝制两个方面。鱼皮服饰所用鱼皮是需要经过挑选和精心处理的，并非所有的鱼皮都适合制衣，故选料成为制作鱼皮衣首先需要考虑的问题。第一，因需要鱼皮的用量比较大，所以一定要选用十几斤以上的大鱼，以确保使用面积。第二，根据鱼皮质地，合理运用各类鱼皮。衣裤用料常选用皮质柔软的鱼皮，如草根鱼、狗鱼、干条鱼等。其中，狗鱼皮通常可以剪成装饰花边贴绣于衣服上，还可染色。干条鱼皮韧性好，结实耐用，还可缝制成足服——靰鞡。大马哈鱼皮纹样细腻，鲤鱼皮花纹清爽、自然，故而成为制作鱼皮衣的首选。第三，选用鱼皮，还要保证鱼的新鲜，这样便于扒皮顺畅。另外，最为传统的缝纫线，是用胖头鱼皮制成的。

剥鱼皮是关键环节，直接关系到鱼皮衣料的质量。先用利器将鱼的头身连接处划开，接着在鱼腹部穿透鱼皮，纵向切开。再用木刀将鱼皮与鱼肉一点点剥开。扒下来的鱼皮需贴在土墙或木板等处进行风干。经过一夜时间，已经风干的鱼皮变得很硬，将其取下。接下来就进入熟制鱼皮阶段，其流程为：风干后的鱼皮卷紧放进木槽中→木槌捶打，使风干后的鱼皮变柔韧，鱼鳞自然脱落→玉米面粉洒在鱼皮上反复揉搓，直至鱼皮柔软→将鱼皮进行植物染色（也可不染，保留鱼皮的自然色）→裁剪与缝制。

关于赫哲族鱼皮服饰的民间技艺及结实耐用的特点，流传着这样一个美妙的故事：相传，江边有一户人家，夫妻俩都很年轻。丈夫是叉鱼能手，妻子是缝衣巧匠。丈夫经常叉获大鱼回来，但妻子嫌鱼皮被叉破了，无法做出漂亮的衣服。丈夫根据她的意见，不断改进叉鱼技术，反复实践，叉鱼技术提高了，使得叉子能正中鱼鳍之上。心灵手巧的妻子做出的鱼皮衣服便越来越漂亮了。而《赫哲风俗志》中还记载了一个关于鱼皮靰鞡的传说：从前有一个小伙子到一个叫巴彦的狡猾老头家做工。巴彦说："这双鱼皮靰鞡送给你穿。你要是能在两个月内穿破它，我就给你工钱，要是穿不破，你就白干。"小伙子想，就凭我这双总是翻山越岭的大脚，怎么能磨不破呢？于是就答应了。说来也怪，眼看两个月要到了，

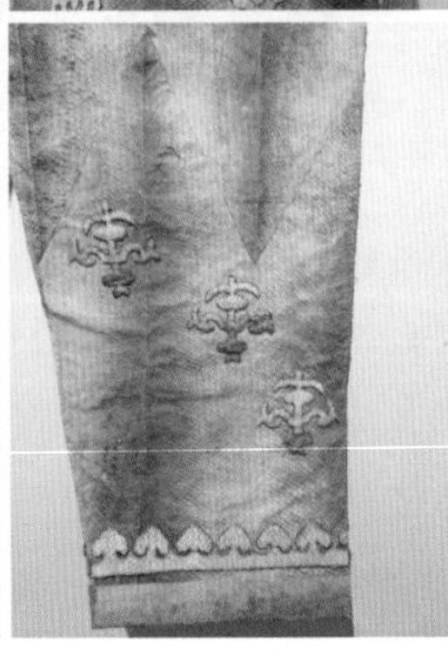

图1-48 赫哲族鱼皮新娘装，尤珂勒·哈菈·姑殊古丽[1]提供

可这双鱼皮靰鞡仍完好无损。小伙子整日愁眉不展。这时，一个好心的姑娘达露莎找到他，告诉他说："鱼皮靰鞡不怕硬，不怕磨，就怕又软又热又湿又潮的牛粪。"小伙子第二天便去踩牛粪，果真见效，鱼皮靰鞡变了形，还露出了两个大窟窿。小伙子笑着找巴彦要工钱，巴彦自然又奇怪又生气。

赫哲族的鱼皮文化及独具特色的熟制鱼皮技术及缝制技术，无不体现出赫哲族的地方特色及人民智慧。这一珍贵的非物质文化遗产，是在漫长的岁月中积淀而成的民间艺术瑰宝（图1-48~图1-58）。

图1-49 赫哲族一家人，尤珂勒·哈菈·姑殊古丽提供

图1-50 赫哲族祭祀用萨满服，尤珂勒·哈菈·姑殊古丽提供

[1] 赫哲族服饰非物质文化遗产传承人。该鱼皮新娘装为尤珂勒·哈菈·姑殊古丽的母亲一针一线为其缝制的。上绣古老云纹、天鹅、森林等图案，寓意家族兴旺、长寿、和平。

图1-51　赫哲族文艺表演，尤珂勒·哈菈·姑殊古丽提供

图1-52　赫哲族服饰非物质文化遗产传承人尤珂勒·哈菈·姑殊古丽正在讲解赫哲族服饰，邓洪涛摄影

图1-53　赫哲族鱼皮衣及鱼皮图案，尤珂勒·哈菈·姑殊古丽收藏，邓洪涛摄影

图1-54　赫哲族鱼皮小帽，尤珂勒·哈菈·姑殊古丽收藏，郭友南摄影

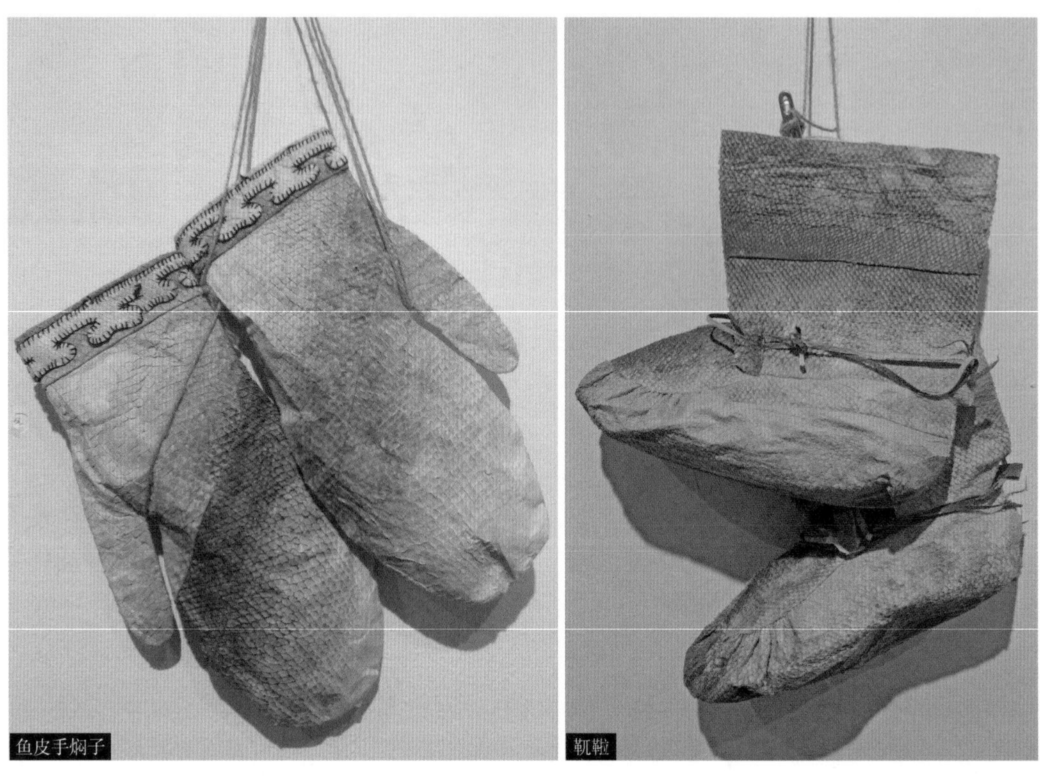

图1-55 赫哲族服饰，尤珂勒·哈菈·姑殊古丽收藏，郭友南摄影

图1-56 桦树皮为饰的赫哲族衣服，尤珂勒·哈菈·姑殊古丽缝制、收藏，邓洪涛摄影

图1-57 梅花鹿皮制作的赫哲族衣服，尤珂勒·哈菈·姑殊古丽缝制、收藏，邓洪涛摄影

图1-58　狍子皮（鱼骨为纽）制作的赫哲族衣服，尤珂勒·哈菈·姑殊古丽缝制、收藏，邓洪涛摄影

三、猎犬救主之服饰禁忌

赫哲族的服饰禁忌中有不戴狗皮帽之说。

黑龙江饶河、富锦一带流传着一个感人的故事：很久以前的一天，赫哲部落的首领莽穆额真带着自己的猎犬进山。那一日，天气闷热极了。到了中午，太阳更是毒辣。他感到又困又乏，狗也热得耷拉着舌头，大口喘气。他们来到一条小河沟旁，莽穆额真躺在树荫下的草地上休息，不知不觉昏睡过去了。这时远处的荒火越烧越近。火借风势，眼看就要烧到莽穆额真身上了。紧急关头，灵犬纵身跳进小河沟，沾湿全身，然后又回到主人的身边转圈跑，使身上的水淋在主人周围的草上。

荒火过去了，莽穆额真也醒了。睁眼一看，只见四处黑乎乎的，树木草棵子都烧没了。而自己周围的一圈草，还是湿淋淋的。爱犬直挺挺地躺在旁边，毛已烧焦了，显然是累死的。莽穆额真悲痛极了，猎犬为了救自己才死的呀！后来，莽穆额真定下一条规矩：赫哲族人再也不吃狗肉，也不戴狗皮帽子。

第六节　满族服饰

满族，现有人口约1038万人。主要聚居在黑龙江、吉林、辽宁三省，其他各省也有散居。满族民间长期用于服装、配饰、挂件及家居用品制作的满族刺绣艺术非常具有特色。2008年6月14日，满族刺绣（岫岩满族民间刺绣、锦州满族民间刺绣、长白山满族枕头顶刺绣）经国务院批准列入第二批国家级非物质文化遗产名录[1]。2014年11月11日，满族刺绣（黑龙江省牡丹江市满族民间刺绣、克东县满族民间刺绣）经国务院批准列入第四批国家级非物质文化遗产代表性项目名录扩展项目名录[2]。

一、适应骑射之男子旗袍

努尔哈赤建立政权后，推行八旗制度，满洲、蒙古、汉军八旗男女老少都穿的袍服款式被称为“旗袍”。

满族先民定居于东北寒冷山林，以狩猎为生，男子多善骑射，男子旗袍，多称男袍，其款式为适于骑射生活而设计和存在，如袍袖窄、下摆肥大，便于活动；四面开衩，便于上下马；长至脚面，便于御寒。此袍适于骑射，故被称为“箭衣”。袖口处附带一个可上下翻折的半圆形袖头，称“箭袖”（满语音为“哇哈”），在严寒中骑射时即可放下袖头，以盖住手背御寒，又不妨碍拉弓射箭。另外，官员向上级行礼时要先将箭袖弹下，即“打哇哈”，然后才行礼，以示臣服。此袖头因形似马蹄，故称“马蹄袖”。同样受狩猎及骑射影响，男子常扎腰带，腰带上挂玉佩、荷包、烟袋等物件，方便随时使用。另外，在寒冬，为了满足取暖需要，同时不影响骑射，男袍还外穿马褂。通常为圆领，长度仅至腰部，袖长至肘部，短马褂套在长袍外面穿，具有地域特色和实用功能。清初，仅八旗士兵着马褂，至康雍年间，马褂普及至满族各阶层。清朝皇帝仍擅骑射，故常以马褂赏赐臣下，拥有皇帝赏赐的“黄马褂”成为八旗士兵的荣耀。还有一种两侧开褉的无袖短上衣——坎肩，又名“马甲”或“背心”，男女通穿。同样套在袍外穿着。坎肩，源于唐代汉族“半臂”，适于骑射时御寒或仅为装饰。满族男袍、马褂、坎肩无不体现骑射生活特征，男子发式，即前额髡发、后扎长辫，同样为适应骑射生活而设计。色彩上，男子蓝、黑二色最为多见，有庄重之感，但黄色为皇家独尊之色，官服上继承了明代补子特色，即文官前后绣以飞禽，武官前后绣以走兽等。

[1] 类别：传统美术；编号：Ⅶ-80；申报地区：辽宁省岫岩满族自治县、锦州市古塔区、吉林省通化市。
[2] 类别：传统美术；编号：Ⅶ-80；申报地区：黑龙江省牡丹江市、克东县。

二、女子旗袍及民间刺绣

满族女子最初穿的旗袍是长马甲形的，后来演变为宽腰直筒式，无收腰设计，长到脚面。与男子旗袍不同的是，更加注重刺绣装饰，刺绣花纹遍布领、襟、袖的边缘，讲究镶绲宽大繁缛的花边，以多为美。衣身上还绣有各种吉祥纹样，如花卉、云彩、孔雀、蝴蝶、蝙蝠、寿字等。满族女子旗袍具有纹样绚丽、色彩鲜艳、美观大方、雍容华贵之特征。

满族女子旗袍，起源于16世纪中期的满族。至于它是如何设计和推广的，在满族民间流传着这样一个故事：从前在镜泊湖畔有个心灵手巧、长得俊俏的满族姑娘，由于长期日晒雨淋地随父母打鱼，脸面黑里透红，大家都叫她“黑妞儿”。那时，旗人妇女都穿着古代传下来的肥大衣裙，打鱼很不方便，黑妞儿就干脆自己设计剪裁了一种连衣带裙多扣襻的长衫，两侧均开衩，下湖捕鱼时就把衣襟撩起系在腰上，而平时则将扣襻一直扣到小腿外侧，可以当裙子穿，既省布合体，又方便劳作。有一天黑妞儿进城买豆腐返回途中，正赶上皇帝选妃，竟被钦差一眼盯住，将其召入宫中，封为“黑娘娘”。黑娘娘为了减轻家乡父老的缴贡压力，对皇上说，她不喜欢人参、貂皮、鹿茸，而喜欢草莓、湖鲫、烟草。皇帝便让她的家乡改换缴纳的贡品。乡亲们高兴极了，都称颂她的智慧和功德。可是，黑娘娘过不惯宫中生活，更穿不惯拖脚抹地、又肥又长的“山河地理裙”。有一天，她将此裙改成从前自己穿的那种连衣带裙的多扣襻长衫。皇上得知后大怒，把黑娘娘传去，拍案大骂，让她滚出皇宫。并一脚踢中她的后心，黑娘娘当即倒地而死。关东人民得知这一消息后，悲痛万分。此后，妇女们都穿起了她所裁剪的那种穿着方便的长衫，以示纪念。后来，在旗的妇女普遍穿着，故称“旗袍”。

满族民间刺绣历史极其悠久，至今依然保留着浓郁的本民族原始思维结构及原始造型特征。在满族民间又称“针绣”“扎花”“绣花”。最初，在满族人聚居的广大农村广泛流行。一般以家织土布为底衬，丝线以红、黄、蓝、白为主色调，以一根细小的钢针织绣而成。其纹样丰富多彩，色彩艳丽浓烈，技艺精湛新颖，形式变幻无穷，绣品种类繁多，绣品题材广泛，风格夸张粗犷，情趣新鲜盎然，寓意明朗深刻，地域特色鲜明。充分体现出满族文化的厚重深远，也表达了满族人民渴望富贵平安、吉祥如意的美好愿望，形象地述说着其民族迁徙、信仰崇拜等民俗故事。满族刺绣具有朴素、典雅、秀丽、生动、热烈等艺术效果，是满族历史文化、历史美学等方面的外显形式。

三、典型发式及特色木鞋

清代满族男子发式为“前剃后留”式，继承了金代女真人的“发垂辫”。即只留颅后头发，并编结为辫，垂于脑后，前面剃光。传说，这种发式的出现源于女真族的游牧及骑射生活。他们经常骑马射杀猎物，在狩猎时，为避免前额的头发遮挡视线，故剔除。清代满族人除了狩猎所需此种发式外，还非常重视发辫。这是因为萨满教认为，人的头部最靠近天穹，也就是他们最尊敬的神界，发辫也就成为人的灵魂所在。有这样的说法，在战场上为国捐躯的将士，即便遗体不能运回故乡，但无论如何发辫一定要带回故里，俗称“捎小辫”。清王朝定都北京后，强令全国男子剃发，使得清代“发垂辫”广为流传于满汉等民族。

清代满族妇女穿着旗袍时，还会搭配“旗头”及“旗鞋”。

清代满族已婚妇女多绾髻，其中，以“两把头”最具典型性。即把头发束于头顶，分两绺，每绺绾成一个发髻，再将后面的余发绾成一个长扁髻，为“燕尾式”。发髻上横一头簪，即“大扁方”。后发展成为“旗头”，满族上层贵妇广泛应用，而民间满族女子则每逢喜庆吉日或贵客临门时佩戴“旗头”。

“旗头”，即一固定在发髻上的扇形头饰，长约30厘米、宽约10厘米，帽架以铁丝或竹藤制成，面蒙裹着青素缎、青绒或青纱，“旗头”装饰丰富，如刺绣纹样、镶嵌珠宝、插饰花朵、缀挂缨穗等。

“旗鞋”，即以木为底的高底鞋，一般在5~10厘米，也有14~16厘米，最高25厘米左右，根据鞋跟形状不同可将“旗鞋”分为“花盆底”和“马蹄底”两种，“花盆底”外形似花盆，而“马蹄底”的外形及落地印痕均似马蹄。关于满族旗鞋为什么是高底，民间流传着不同说法。其一，满族先民为了夺回被敌人占领的城池，必须先渡过一片泥塘，便在鞋底上绑上了又牢又高的树杈，顺利蹚过泥塘，终于战胜敌人，夺回城池。日后，这高脚木鞋得到继承和发扬，成为妇女们典型性的足服。其二，旧时，满族妇女日常进山采蘑菇、野果时，常在鞋底绑缚木块，以此防虫蛇叮咬。这木块就发展成为后来的高底鞋。而从服饰审美角度分析，满族妇女所着长至脚踝的宽大旗袍，且梳高髻旗头，搭配上高底鞋，更显婀娜步伐，使整体服饰形象和谐统一、比例协调、风格一致。此鞋最初仅限于宫中后妃及贵族官员家眷，后在民间广泛流行。又因此鞋行走不便，平日不穿。

“旗头”“旗鞋”搭配旗袍，整体服饰形象具有修长、端庄典雅之美感和气质（图1-59~图1-76）。

图1-59　满族蟒袍，上海博物馆收藏，郑卓摄影

图1-60　满族锁子纹织金锦大阅甲胄之胄（清代），北京服装学院民族服饰博物馆收藏，陈颜摄影

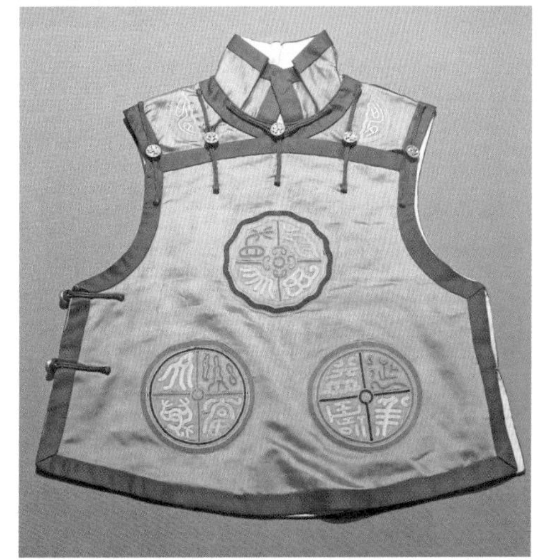

图1-61　马甲，吉林省博物院收藏，崔嘉龙摄影

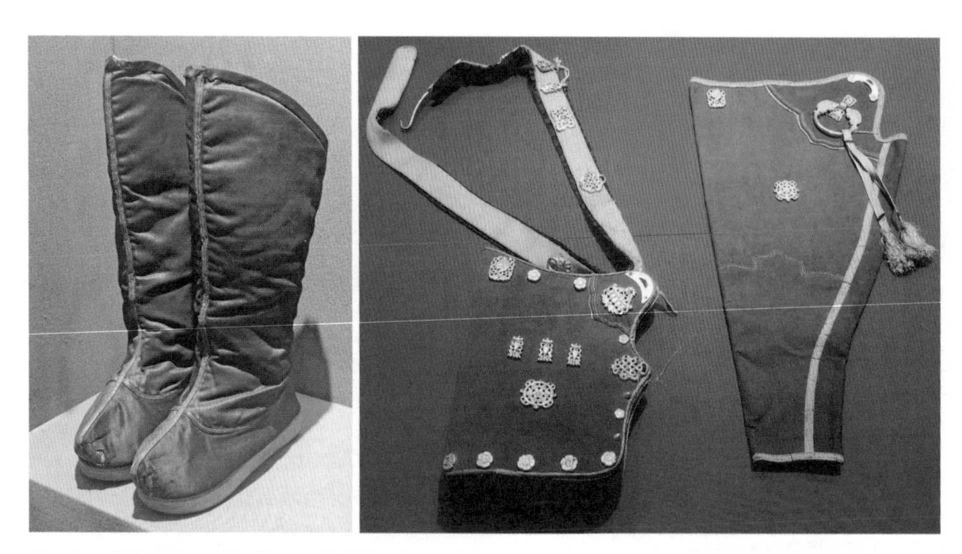

图1-62 满族男靴及骑射配饰，吉林省博物院收藏，崔嘉龙摄影

图1-63 清代锁子纹织金锦大阅甲胄（18世纪中期，北京），北京服装学院民族服饰博物馆收藏，陈颜摄影

图1-64　满族红绸五彩绣八团花蝶吉服袍（19世纪晚期，北京），北京服装学院民族服饰博物馆收藏，陈颜摄影

图1-65　红缎绣凤鸟团花牡丹纹氅衣（清道光，北京），中央民族大学民族博物馆收藏，陈颜摄影

图1-66　满族绿纱旗袍，上海博物馆收藏，郑卓摄影

图1-67　满族姑娘，云南民族博物馆收藏，章韵婷摄影

图1-68　满族女子生活场景，吉林省博物院收藏，崔嘉龙摄影

图1-69　旗头，中央民族大学民族博物馆收藏，陈颜摄影

图1-70　女子花盆底绣鞋，吉林省博物院收藏，崔嘉龙摄影

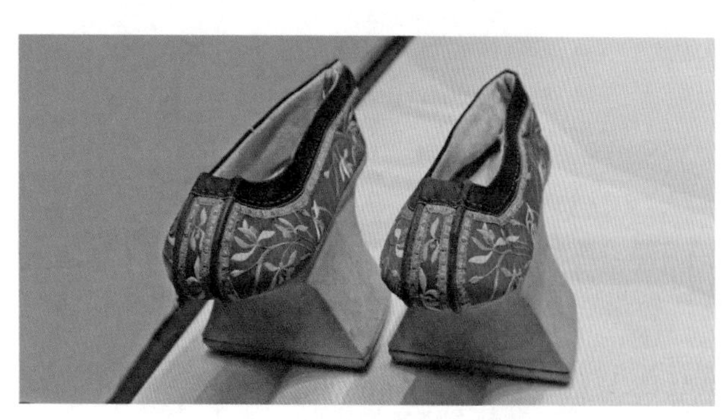

图1-71　花盆底旗鞋，中央民族大学民族博物馆收藏，陈颜摄影

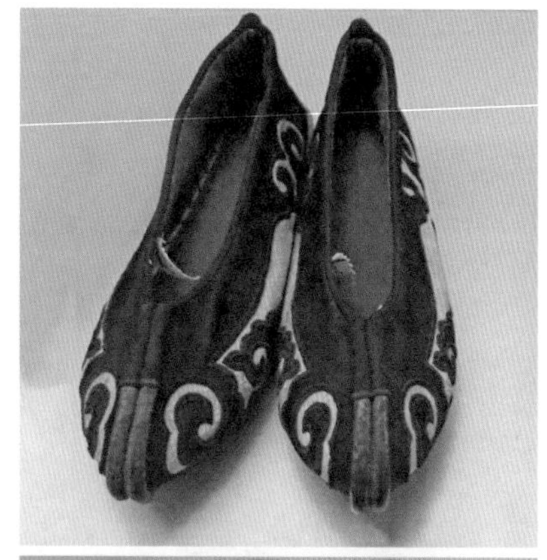

图1-72　满族花鞋[1]（19世纪中期，北京），北京服装学院民族服饰博物馆收藏，陈颜摄影

[1] 满族“女履旗鞋男穿靴”旗鞋多嵌以双梁，讲究者用锦缎堆云，名“云子鞋”。旗鞋有平底、高底之分，高底的还有“马蹄底”或“花盆底”等造型。

图1-73　满族草鞋，中央民族大学民族博物馆收藏，陈颜摄影

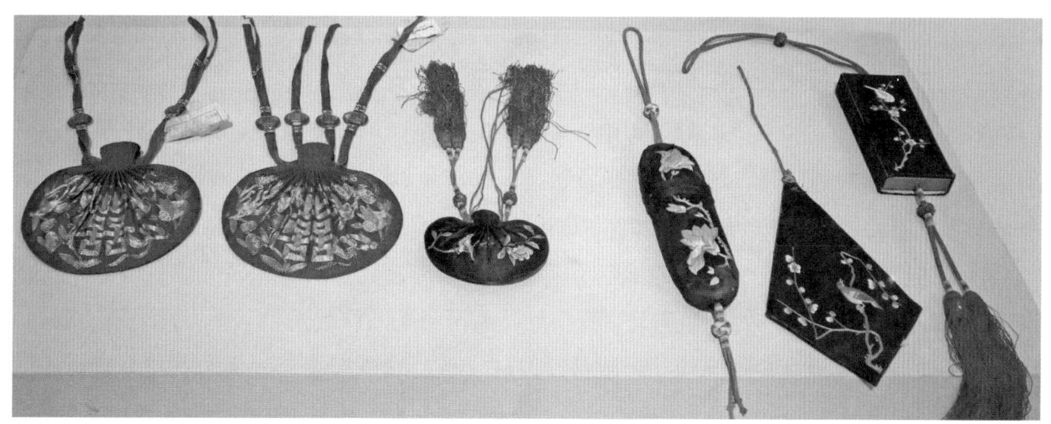

图1-74　黑缎双面绣花鸟纹挂饰（清代，北京），红缎双面夹金绣囍字纹香囊，中央民族大学民族博物馆收藏，陈颜摄影

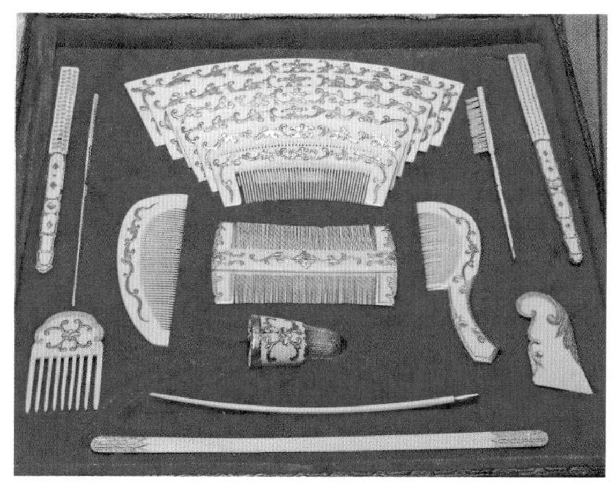

图1-75　满族象牙描金梳具（清代），故宫博物院调拨，吉林省博物院收藏，崔嘉龙摄影

图1-76　满族“子孙万代”点翠头饰，吉林省博物院收藏，崔嘉龙摄影

第七节 蒙古族服饰

蒙古族，现有人口约598万。主要聚居在内蒙古自治区、黑龙江、吉林、辽宁、新疆、青海、甘肃等地。2008年6月14日，蒙古族服饰经国务院批准列入第二批国家级非物质文化遗产名录❶。同日，蒙古族刺绣经国务院批准列入第二批国家级非物质文化遗产名录❷。2014年11月11日，蒙古族服饰及刺绣经国务院批准分别列入第四批国家级非物质文化遗产名录❸。

一、草原风格之蒙古长袍

因蒙古族世代居住于塞北草原，故服饰适于草原气候特征而风格独特。男女均着大襟长袍，在衣领、衣襟、袖口等衣缘处以彩色宽边装饰，纽扣多以绦子绣制而成。右开襟，左侧一般不开衩。男式长袍多为深蓝、海蓝、天蓝色；女式长袍多为红、绿、黄色，衣料以绸缎光泽为尚。不同季节的蒙古长袍，如单袍、夹袍、棉袍、皮袍，无不体现粗犷豪放的草原风格。衣袖刺绣花边装饰，防寒高领。一般多穿三层衣服，先是袖长至腕的贴身衣，再是袖长至肘的外套，最外层则是无领对襟，缀有直排闪光纽扣的小坎肩。

首服为帽子、包头或头帕，男子帽子多为蓝、黑褐色，女子头帕多为红、蓝色。未婚女子发式独特，从发际线处开始中分，发根处扎系两个大圆珠，发梢下垂，以玛瑙、珊瑚、碧玉等装饰。无论男女，腰间均扎系腰带，以红、黄、绿色为主，腰带与衣缘一致，又宽又长。

靴长及膝的软筒牛皮靴是蒙古族人民在长期的生产劳动及日常生活中创造而成的实用足服。平日步行时可起到防沙防寒、防蛇虫叮咬、减小阻力的作用。放牧骑马时可起到护踝壮胆、易于勾踏马镫的作用。蒙古靴可分为布靴、毡靴、皮靴三种，依季节选用。喜以金丝线绣花，如五彩云纹、草原植物纹、各种几何纹等，装点靴头和靴筒，图案艳丽，草原气息浓厚。

蒙古族牧民在冬季习惯戴卷檐帽，多用羊羔皮为原料，式样各地不一。较普遍的有两种：一种是圆顶卷檐帽，一种是圆锥形尖顶卷檐帽。圆顶或尖顶卷檐帽骑马时阻力小，适合草原生活。多用羊羔皮为里，绸、布做面，顶部多缀有缨穗。这种卷檐、圆顶或尖顶的帽子在元代即已出现。据说这种帽子最初设计者是元世祖忽必烈的夫人察必皇后。当时忽

---

❶ 类别：民俗；编号：X-108；申报地区：内蒙古自治区、甘肃省肃北蒙古族自治县、新疆维吾尔自治区博湖县。
❷ 类别：传统美术；编号：Ⅶ-81；申报地区：内蒙古自治区苏尼特左旗。
❸ 类别：民俗；编号：X-108；申报地区：内蒙古自治区正蓝旗。

必烈每年都要到上都（今内蒙古正蓝旗）避暑狩猎，细心的察必皇后看到他狩猎时阳光刺眼，很不方便，便想到了将原来的帽子加上个檐，以遮蔽阳光的办法。另外，在天气寒冷时还可将其放下，遮住耳、腮、脖子，增加防寒的面积和效果。从此人们竞相效仿。蒙古族男子多随身携带刀子、火镰、鼻烟壶等，均挂在腰间，既实用，也具有一定的装饰性。蒙古族佩饰精美、华丽，喜以金、银、珊瑚等材质制成装饰。

蒙古长袍及首服、足服、随件、首饰等适应牧业生产及自然环境，具有草原风情。

二、勇武绚烂之摔跤服饰

蒙古族的竞技服饰中要数摔跤服最具特色，蒙古族摔跤服是蒙古族传统服饰工艺的集中体现，由坎肩、颈饰、彩绸腰带、宽大长裤、吊膝、靴子、头饰构成。它如戏装般绚丽夺目。坎肩有后背，而无前身，为革制绣花坎肩，边缘镶嵌铆钉，后背居中镶嵌有圆形吉祥文字或银镜。领口处五彩飘带犹如草原之鹰的颈羽，腰间扎系特制宽皮带或绸腰带，皮带上装饰有两排银钉。下配宽大多褶的长裤，用布10米制成，不但利于散热，还可避免汗湿贴在皮肤之上。更是为了适应摔跤角力而设计，使对手不易使用缠腿动作。通常以彩绸制成。外套吊膝，以坚韧结实的布缝制而成。一律缘边绣花，图案丰富，色彩绚丽，风格粗犷豪放，有云纹、植物纹、五蝠（福）捧寿、寿纹等。膝盖处特别绣花或拼接组合缝制图案，并补绣兽头，寓意吉祥，增添威武之势（图1-77~图1-88）。

图1-77　蒙古族妇女盛装（清代），上海博物馆收藏，汤雨涵摄影

图1-78　蒙古族锦缎镶边女袍，北京服装学院民族服饰博物馆收藏，黄佳璐摄影

图1-79　蒙古族羔皮锦缎帽（20世纪中期，新疆库尔勒），北京服装学院民族服饰博物馆收藏，黄佳璐摄影

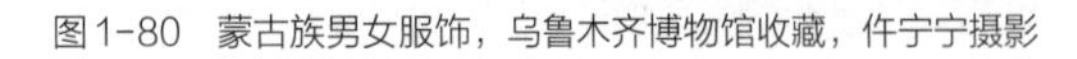

图1-80　蒙古族男女服饰，乌鲁木齐博物馆收藏，仵宁宁摄影

图1-81 蒙古族少女服饰形象，内蒙古黑山头蒙古大营，李思琪摄影

图1-82 蒙古族五佛冠、喇嘛帽，巴尔虎博物馆收藏，李思琪摄影

图1-83 蒙古族镶银饰嵌珊瑚头面（20世纪上半叶，内蒙古鄂尔多斯），上海博物馆收藏，厉诗涵摄影

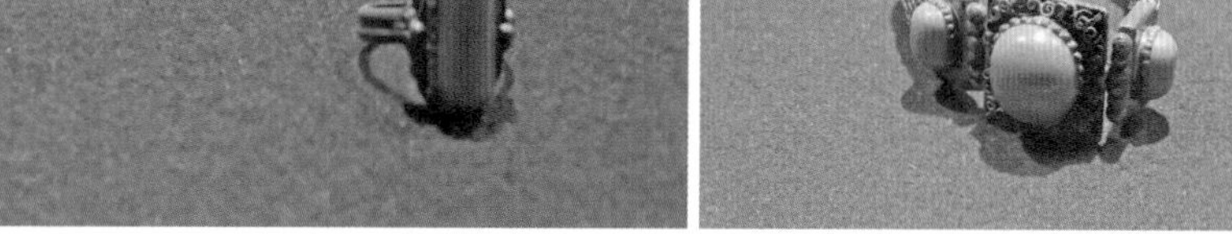

图1-84 蒙古族手镯、戒指，北京服装学院民族服饰博物馆收藏，黄佳璐摄影

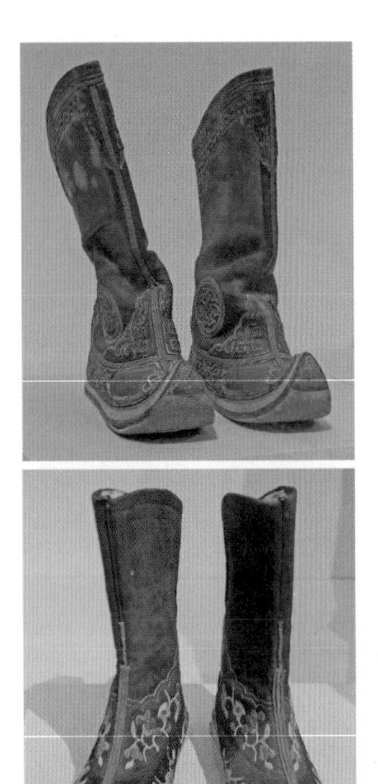

图1-85　蒙古族靴子，中央民族大学民族博物馆收藏，黄佳璐摄影

图1-86　蒙古族摔跤服，乌鲁木齐博物馆收藏，仵宁宁摄影

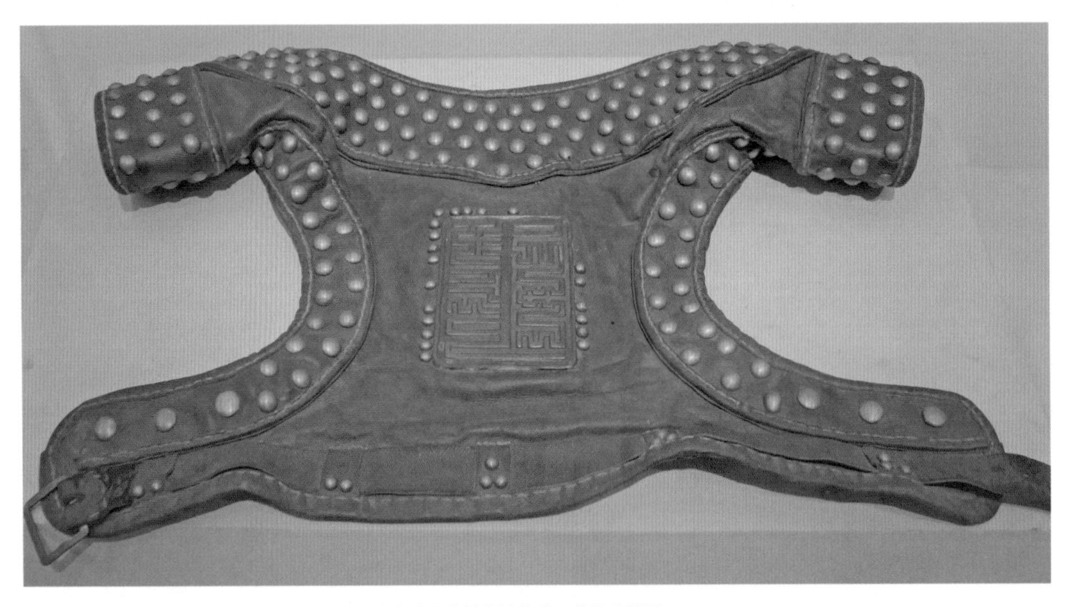

图1-87　蒙古族牛皮嵌铜钉摔跤服，中央民族大学民族博物馆收藏，黄佳璐摄影

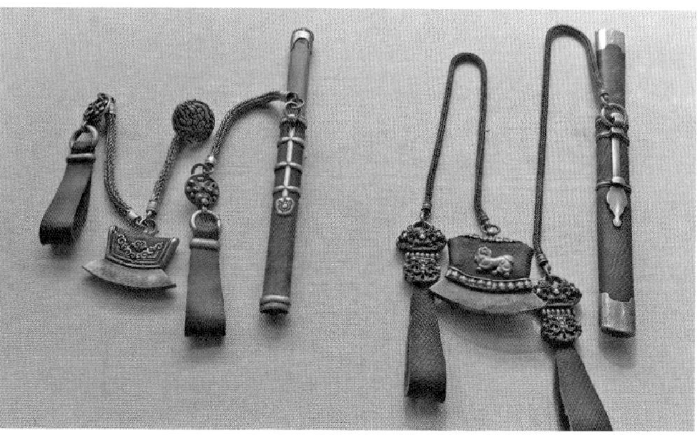

图1-88 蒙古族摔跤服及刀饰，额尔古纳民族博物馆收藏，李思琪摄影

思考与练习

1. 试述朝鲜族服饰美感。
2. 绘制鄂伦春族狍头帽。
3. 简述赫哲族鱼皮衣的制作过程。
4. 绘制满族女子旗袍款式图，并说明其美感。
5. 绘制蒙古族摔跤服。
6. 自选角度进行服饰分析。
7. 任选服饰特色进行现代服饰设计。

基础理论

第二章　新疆维吾尔自治区民族服饰

课题名称：新疆维吾尔自治区民族服饰

课题内容：俄罗斯族服饰、哈萨克族服饰、柯尔克孜族服饰、塔吉克族服饰、塔塔尔族服饰、维吾尔族服饰、乌孜别克族服饰、锡伯族服饰

课题时间：4课时

教学目的：本章主要讲述以上8个少数民族服饰中最具特色的内容。重点讲述草原风情及游牧生活对服饰特色形成的影响，分析其共性及个性。

教学要求：1. 了解以上8个少数民族服饰的特点。

2. 自选角度进行服饰分析或专业写作。

3. 任选以上少数民族服饰特色进行现代服饰设计。

课前准备：1. 了解新疆维吾尔自治区的气候特征及少数民族分布状况、性格特点等。

2. 收集与整理以上少数民族与服饰相关的省级以上的非物质文化遗产名录。

第一节 俄罗斯族服饰

俄罗斯族，现有人口约15.4万人。主要分布在新疆维吾尔自治区西北部的伊犁、塔城、阿勒泰、乌鲁木齐等地，以伊犁地区最多。其余主要分散于黑龙江省北部、内蒙古自治区东部。俄罗斯族大部分信奉东正教，还有一部分信仰浸礼教或基督教，少数信奉旧教。

一、西亚风情之男子服饰

西亚风情是俄罗斯族传统服饰的显著特征。夏春季，男子最为普遍的穿着形式是长款套头衬衫搭配细腿裤，又有白色绣花衬衫、开衩长袍配长裤或灯笼裤，头戴八角帽。当地农民还就地取材，以桦树皮或柳树皮编结而成鞋子，透气性、舒适性很强，很具地方特色。春秋季通常以粗呢上衣或长袍为主，在寒冷的冬季，俄罗斯族男子穿棉衣、羊皮短衣或皮大衣，头戴呢帽、可遮盖耳朵和脸颊的动物大皮帽，适合雪地行走的毛皮鞋、毡靴、高筒皮靴、膝套等。

都市俄罗斯族男子，多衬衣配西装，扎系领带，长裤膝盖以下塞入长筒皮靴。衬衫多为衣领刺绣花纹的宽袖衬衫。喜庆节日，小伙子的彩色衬衣格外引人注目。另有制服搭配马裤，足蹬皮靴或皮鞋，也有人穿开衩长袍配大裆长裤。头上习惯佩戴鸭舌帽。

二、丰富多彩之女子装扮

俄罗斯族女子装扮丰富多彩。最为传统的款式为红色或绿色等艳丽的无领绣花衬衫，衣身短小，领口、袖口、胸前均有绣花装饰。在男装中也多有精美艳丽的几何纹样、花草纹样，既艳丽又和谐。下配刺绣花纹棉布长裙，腰间以花布带装饰，头上习惯围头巾，既保暖又美丽。低胸口、高腰节、下摆宽大的大摆绣花或印花的长连衣裙（常用俄语语音：布拉基）最为常见。寒冷季节，外套半长或长款皮大衣，脚蹬高筒皮靴或皮鞋，头戴毛织围巾或动物皮帽。

俄罗斯族女子的发式十分特别。未婚少女与已婚妇女的发式截然不同。未婚少女的秀发裸露在外，梳理成一条长长的辫子，还特别注重辫子上的装饰，如将五彩缤纷的发带及小玻璃珠编在辫子里，活灵活现，还常以色彩绚丽的四方头巾加以点缀，耳环也成为点缀发式的主要饰品。已婚妇女的头发则不能裸露在外，出于礼节需要，先将头发梳成两条辫子，然后盘起来，再佩戴头巾或帽子。

而都市俄罗斯女子，普遍穿着西服上衣、西服裙，但大摆连衣裙、腰裙仍很普遍。现代时尚服饰也非常流行，冬季戴干练时尚的呢帽或皮帽，呢帽上多插羽毛以装饰（图2–1~图2–5）。

图2–1 俄罗斯族男女服饰，额尔古纳民族博物馆收藏，李思琪摄影

图2–2 俄罗斯族生活场景，额尔古纳民族博物馆收藏，李思琪摄影

图2-3 俄罗斯族歌舞场景，额尔古纳市文化馆提供

图2-4 俄罗斯族女裙，额尔古纳市文化馆收藏，李思琪摄影

图2-5 俄罗斯族男衫，额尔古纳市文化馆收藏，李思琪摄影

第二节　哈萨克族服饰

哈萨克族，现有人口约146万人，主要生活在新疆维吾尔自治区伊犁哈萨克自治州、木垒哈萨克自治县以及巴里坤哈萨克自治县。少数分布于甘肃省阿克塞哈萨克自治县、青海省海西蒙古族藏族自治州。哈萨克族主要信奉伊斯兰教。2008年6月14日，哈萨克族毡绣和布绣经国务院批准列入第二批国家级非物质文化遗产名录[1]。同日，哈萨克族服饰经国务院批准列入第二批国家级非物质文化遗产名录[2]。

一、游牧特征之男女服饰

哈萨克族自古过着草原游牧生活，其民族服饰带有浓郁的游牧特征。首先，牧民及男子在冬季多着皮大衣或长袍、皮裤等以御寒，在衣服原料的选择上，羊皮、狼皮、狐狸皮等牲畜的皮毛成为首选。因为哈萨克族在生产劳动及狩猎生活中，几乎每日骑马，因此，大裆羊皮裤子非常普遍，这种裤子耐磨、保暖，且宽大舒适。绣有花纹的竖斜领衬衫，外罩棉或皮质对襟坎肩，也常在坎肩外加短衣，短衣外再套上斜领、无纽扣外套。男子腰间镶嵌有金、银、宝石的牛皮腰带十分引人注目，腰带右侧还佩有雕琢精致的刀鞘，内插腰刀，既实用又美观，凸显游牧特征。冬季，男子普遍戴两耳扇、一尾扇的尖顶状帽，帽顶端插有猫头鹰羽毛，这种帽子通常以绸缎面羊羔皮或者狐狸皮里为原料。也常佩戴一种圆顶缎面皮帽，内衬狐皮或黑羊羔皮。另一种翻檐十字带小帽与柯尔克孜族男子小帽式样接近。哈萨克族男子的足服同样具有游牧特色。夏季狩猎时所着靴子薄而透气，后跟很低，足前包头，这样的结构特征不但柔软舒适，且行走轻盈，适于狩猎。冬天普遍着牛皮及膝长靴，有足跟，鞋底钉铁掌。内套穿毡袜，袜口以绒布镶边装饰。在牧区，还有一种软皮鞋使用较为广泛，与套鞋一并穿着。套鞋非常实用，可保护软皮鞋干燥，且进帐篷时只脱去套鞋即可，方便生活。

哈萨克族女子习惯着紧身连衣裙，裙子下摆及袖口等边缘部位习惯装饰三层飞边皱褶。老年妇女裙长至足部，衣为对襟长衫，头巾宽大，彩珠或绣花装饰，可将前额裹罩，胸背遮覆。年轻姑娘们连衣裙较短，衣为短及腰间或长及胯下的对襟坎肩，足蹬高筒皮靴，帽饰中最具代表性和特色的是：戴插有猫头鹰羽毛的小帽，以此为贵，帽边以绣花、银箔装饰。已婚妇女生育后，有戴帽子、头巾、盖巾、披巾的习俗。在夫家或不熟悉的异性面前不可轻易摘掉，否则有不敬之意。

---

[1] 类别：传统美术；编号：Ⅶ-83；申报地区：新疆生产建设兵团农六师。
[2] 类别：民俗；编号：Ⅹ-118；申报地区：新疆维吾尔自治区。

二、草原风情之手工刺绣

哈萨克族的刺绣艺术历史悠久，是哈萨克族妇女最为典型的传统手工技艺。其方法主要包括挑花、补花、钩花、贴花等。具有草原风情的羊角纹、花草纹、人字纹等各种花纹被广泛应用。在服饰上，主要装饰在盖巾、领子、袖口、前襟、底摆、鞋、帽、靴等部位。日用品中，如毡房、挂毯、被褥、椅垫、杯垫等，也广泛应用刺绣纹样以装饰。宽大的盖巾是以白布为底，绣有各式花纹的宽大披肩，佩戴时仅露脸颊，头、肩、腰全部遮覆，长至臀下。通常以金银别针固定，盖巾上刺绣装饰丰富，其中“颊克”花纹代表丈夫健在。哈萨克族女子足服也很注重装饰，平日习惯穿刺绣花卉纹样的皮靴加套靴，连袜子上也常绣有花纹。

哈萨克族的刺绣色彩具有想象力和象征性，如蓝色寓意蓝天，红色代表太阳或者太阳的光辉，白色是真理、幸福的标志，黑色则是大地和哀伤的表达，绿色是春天、青春的象征。哈萨克族刺绣具有强烈的装饰性，在中国少数民族刺绣工艺中独树一帜，与古代中亚游牧民族的刺绣文化融会贯通，也体现了古代乌孙文化特色，是对其很好的继承和发扬（图2-6、图2-7）。

图2-6 哈萨克族服饰，伊犁哈萨克自治州阿勒泰地区布尔津县，黄绪强摄影

第三节　柯尔克孜族服饰

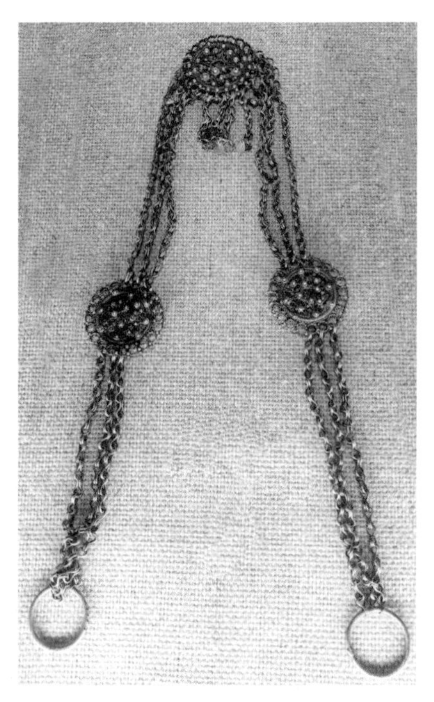

图2-7　哈萨克族银鎏金饰件（20世纪上半叶，新疆布尔津），上海博物馆收藏，厉诗涵摄影

柯尔克孜族，现有人口约18万人。大部分聚居在新疆维吾尔自治区克孜勒苏柯尔克孜自治州，主要信奉伊斯兰教，少部分人信奉喇嘛教、萨满教。2008年6月14日，柯尔克孜族刺绣经国务院批准列入第二批国家级非物质文化遗产名录❶。2014年11月11日，柯尔克孜族服饰经国务院批准列入第四批国家级非物质文化遗产名录❷。

一、沿袭至今的十字圣帽

柯尔克孜族男子传统主服为对襟绣花短衣或无领对襟长袍、宽大长裤，穿着时膝盖下部分塞进长筒革靴。最为典型的是十字装饰的羊毛翻檐毡帽，此帽顶部为白色，檐部为黑色，褐色宽檐外卷，并有黑色细带绷于帽顶，前后左右四条在帽顶端相交，成十字装饰。这是柯尔克孜族最显著的标识，柯尔克孜族男女对它非常恭敬，将其奉为“圣帽”，从不随便抛扔、践踏，更不能用它取笑，要将它放置于高处，或放在被褥、枕头等上面。

关于这“圣帽”的来源，有这样一个传说：在古代，柯尔克孜族有一位国王，在长期的征战过程中，他时常感到出战时由于军容混乱，使得军风不够威武，气势上不能震慑敌人。在一次远征之前，他召集来40名谋臣，下令统一战马的颜色，并命他们用四十天时间给军士设计好一顶统一的帽子，这顶帽子既要像一颗光芒四射的星星，又要像绿草如茵的山环；既能躲避风雪，又能防止风沙袭击。这下可把大臣们难倒了。39天后，只有一位谋臣的设计被采用，他的女儿设计出的这种翻檐毡帽既美观又实用，被国王采纳。遂下令全军戴用，沿袭至今。

二、驼马伐步之特征女装

同哈萨克族一样，柯尔克孜族亦属游牧民族，故而，其服饰原料以牲畜皮毛为主。服

❶ 类别：传统美术；编号：Ⅶ-82；申报地区：新疆维吾尔自治区温宿县。
❷ 类别：民俗；编号：X-159；申报地区：新疆维吾尔自治区乌恰县。

装款式自然也少不了游牧过程中驼马伐步的显著特征。夏季，其服饰形象短小简约，冬装宽大结实，四季足服以长筒马靴最为普及。未婚女子主要流行戴两种帽子，其一，金丝绒质地的红色圆顶小花帽；其二，水獭、旱獭等动物毛皮质地的，帽顶系有珠子、缨穗、羽毛的红色圆顶大帽。主服有上衣下裳和连衣裙两种，外罩对襟小坎肩，小坎肩格外精致和绚丽，边缘以丝绒线刺绣装饰上各种花纹，还点缀有银扣或铜饰。少妇尚红、绿色头巾，包裹头部的纱巾系于脑后。冬天，首服以皮帽为主，在重要场合戴边缘垂珠串的圆帽箍。新娘的连衣裙外还需加套一件及裙边的对襟长衫，长衫上以绣花装饰，耳环、项链、手镯等首饰齐全（图2-8~图2-12）。

图2-8 柯尔克孜族服饰，上海博物馆收藏，郑卓摄影

图2-9 柯尔克孜族毛织垫毯（20世纪下半叶，新疆喀什），上海博物馆收藏，王梦丹摄影

图2-10 柯尔克孜族服饰形象，温宿县阿克布拉克文化旅游节，冯凡摄影

图2-11　柯尔克孜族女子服饰形象，新疆维吾尔自治区博物馆收藏，倪文杨摄影

图2-12　柯尔克孜族男子服饰形象，新疆维吾尔自治区博物馆收藏，倪文杨摄影

第四节　塔吉克族服饰

塔吉克族，现有人口约5万人，主要聚居在新疆塔什库尔塔吉克自治县，少数散居于新疆维吾尔自治区几处。2011年6月9日，塔吉克族服饰经国务院批准列入第三批国家级非物质文化遗产名录[1]。

一、特色帽饰及刺绣技艺

塔吉克族普遍信仰伊斯兰教，男女主服与新疆维吾尔自治区其他民族相似，男女都有戴帽习惯，故帽饰最具特色，可以用“四季不离”来形容，帽饰的原料完全为动物皮或棉。

塔吉克族不同年龄段的女子，均头戴硬质圆形绣花平顶帽——库勒塔帽。较维吾尔族

[1] 类别：民俗；编号：X-144；申报地区：新疆维吾尔自治区塔什库尔干塔吉克自治县。

小帽的直径要宽很多。帽面通常为黑色，上绣丰富纹样，多呈现几何形及各种花卉，还多有象征太阳的造型变化。帽的前檐并排缝缀着色彩艳丽、光灿闪耀的珠串、银链，左右两侧顺太阳穴方向各垂下一圈珠饰，造型似耳环。此帽防晒、御寒。在帽上遮覆纱巾也是特色之一，头部侧面及后面均被遮覆。通常情况下，中老年妇女遮覆白色纱巾，年轻女性遮覆红色、粉色纱巾，新娘遮覆红色纱巾，以示喜庆。小女孩多用黄色纱巾。

塔吉克族女子帽子下的辫子及装饰与年龄及婚否有关。新婚女子梳四条长辫，每条辫子上都佩有一串银制或白色纽扣装饰，这便是已婚标志。而未婚女子发辫上无此装饰，但通常用小铜链将辫梢系连起来。走起路来，悦耳飘逸，且具有辟邪寓意。

男子戴圆形卷边高筒帽——吐马克帽，样式大气而别致，内里为优质黑羊羔皮、帽面为黑平绒。下檐外翻，黑羔毛边翻出。帽身以各色丝线刺绣纹样装饰。

心灵手巧的塔吉克族女子从小就学习刺绣技艺。这对塔吉克族的衣饰文化意义非凡。衣服前襟、帽子、鞋子、鞋垫、被褥、盖布、腰巾等部位刺绣上各种花卉图案，不但起到强烈的装饰效果，且是本民族生产生活、民俗信仰的直接表征。塔吉克族的刺绣讲究做工精细，例如，一条宽约2~3厘米的男女帽檐，就要耗时十余天。刺绣题材主要来源于自然界的花花草草，另外，几何纹样也十分常见。在塔吉克族的刺绣纹样中没有具象的人和动物的造型，这与伊斯兰教禁止偶像崇拜的教义有关。偶见一些动物抽象图形出现，如羊角、鹰羽等。

二、男女装束及红色崇尚

塔吉克族的经济生活以畜牧业为主，所以，在服装面料的选择上，自古以皮毛、毡褐为主。优质的皮装，翻毛皮帽，絮驼毛大衣，羊皮作帮、牦牛皮作底的长筒皮靴最能适应高山多变的风寒气候。

塔吉克族男子普遍着白色绣花衬衫，在衬衫外加套一件冷色对襟无领长款大衣，腰带右侧挂一把小刀。足服为野公羊皮为原料制成的长筒靴，适合骑马游猎和草原气候。

塔吉克族女子装束艳丽多彩。以刺绣有精美花边的红色或花色连衣裙最具代表性，黑绒背心、长裤、红色长筒靴均为普遍装束。除了上述帽子的装饰外，还喜欢佩戴耳环、项链、圆形大银胸饰等饰品。注重主服的领口、袖口、背部的装饰。

在塔吉克族传统男女足服中，红色及膝长靴非常普遍，每人都会有一双，在喜庆场合必不可少。至今，老年男子仍经常着传统红色高筒靴，这成为民族符号之一。靴子为尖头，软底，以野公羊皮做筒，以牦牛皮或骆驼皮作底，内衬自织毛线袜或毛毡袜，耐磨性强，轻便实用，适于骑射。塔吉克族无论男女对于红色都非常崇尚，尤其是妇女盛装时，红头巾、红裙子、红鞋子、黑底红花的帽子等，一样都不可缺。探究其缘由，首先，崇拜太阳神。塔吉克族长期生活在寒冷气候中，具有强烈的暖热需求，而火产生的源泉是太阳，所以，塔吉克族崇尚红色与崇拜太阳神有关。塔吉克族始终认为自己是太阳部落的人，太阳的火红走进了内心。其次，信奉拜火教。即塔吉克族的祖先受到毗邻波斯人影响，与之一样，信奉拜火教，故而崇尚红色（图2-13、图2-14）。

图2-13　塔吉克族服饰，新疆维吾尔自治区博物馆收藏，倪文杨摄影

图2-14

图2-14　塔吉克族生活场景，塔什库尔干，冯凡摄影

第五节　塔塔尔族服饰

中国境内的塔塔尔族，现有人口3556人。主要集中分布在新疆维吾尔自治区的伊宁、乌鲁木齐、塔城、布尔津、哈巴河等地，中国唯一的以塔塔尔族为主体的民族乡位于新疆维吾尔自治区东北部昌吉回族自治州的奇台县境内大泉塔塔尔族乡。塔塔尔族信奉伊斯兰教。

一、近欧风格之女子服饰

塔塔尔族的传统女子服饰装束与欧洲东部女服式样较为接近，大方而艳丽，又不失素雅。首服为色珠刺绣小花帽，配以向脑后系扎打结的大头巾，腰间系带、宽大多层带褶边连衣裙。也有上身穿窄袖口花边短衫，外罩绣花对襟紧身中长坎肩，下配多层抽褶的大摆长裙，呈塔状，裙身多为白、黄、酱、紫等色。腰间有时搭配一围裳。裙边、肩头、袖口、领口多处抽细褶。金、银、珠、玉、珍珠等材质的耳环、手镯、戒指、项链、领饰、胸针等深受女子喜爱。足服主要为皮鞋或花皮靴。牧区女子还特别喜欢把银质或镍质的货币缝制在衣服上作为装饰。

塔塔尔族女子刺绣技艺精湛，姑娘们的刺绣技艺水平甚至成为男子择偶的重要标准。精美的刺绣花纹呈现在男女民族服饰上，还出现在塔塔尔族的日用品上，如枕头、被单、床围、墙围、桌布、窗帘等。生活中的方方面面似乎都离不开塔塔尔族女子那双巧手的装扮。塔塔尔族女子精美的绣工，不但体现出她们温柔善良、勤劳聪慧、心灵手巧的性格，也是这一民族热爱美好生活的体现。

二、类似维吾尔族之男子服饰

图2-15　塔塔尔族贴绣花叶纹坎肩荷叶边长裙女服（20世纪90年代，新疆伊宁），北京服装学院民族服饰博物馆收藏，洪静怡摄影

塔塔尔族男子服饰形象与维吾尔族类似。首服多为黑白绣花两色小帽或圆形平顶丝绒花帽，农牧民小帽则多为紫红色或绿色。冬季御寒之用的皮帽通常以羊羔皮为料，多为黑色或蓝色，卷毛状。足服为长筒皮靴或皮鞋，年长者在皮鞋或皮靴上加套鞋。上身穿绸缎绣花白衬衣，为套头、宽袖、竖领、对襟款式，在袖口、领口、前胸通常以蓝色、浅黄色、翠绿色丝绒刺绣而成“十”字形、菱形花纹等进行装饰。白色衬衫外通常搭配黑色坎肩或对襟无纽扣短衣，腰间束绸缎或织锦带，多为深蓝色或咖啡色，边缘喜点缀金色花卉。腰带因年龄而不同，青年人色彩艳丽，中年人淡雅清秀，老年人不饰花边。下穿宽裆裤，腿部紧瘦，多为黑色，外套毛皮大氅，后喜穿西装（图2-15）。

第六节　维吾尔族服饰

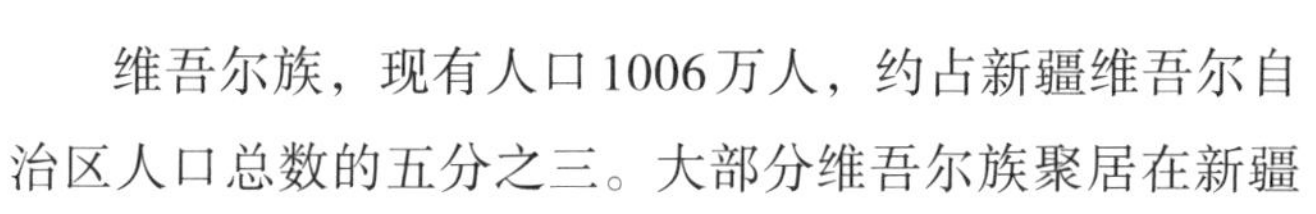

维吾尔族，现有人口1006万人，约占新疆维吾尔自治区人口总数的五分之三。大部分维吾尔族聚居在新疆维吾尔自治区天山以南的喀什、和田一带，以及阿克苏、库尔勒地区。乌鲁木齐、伊犁等地也有维吾尔族人居住。少数维吾尔族散居于湖南、常德，河南开封、郑州等地。曾信仰萨满教、摩尼教等，后普遍信奉伊斯兰教。2006年5月20日，维吾尔族花毡、印花布织染技艺经国务院批准列入第一批国家级非物质文化遗产名录[1]。2008年6月14日，维吾尔族服饰经国务院批准列入第二批国家级非物质文化遗产名录[2]。同日，维吾尔族艾德莱斯绸织染技艺经国务院批准列入第二批国家级非物质文化遗产名录[3]。同日，维吾尔族卡拉库尔胎羔皮帽制作技艺经国务院批准列入第二批国家级非物质文化遗产名录[4]。

---

[1] 类别：传统手工技艺；编号：Ⅷ-23；申报地区：新疆维吾尔自治区吐鲁番地区。
[2] 类别：民俗；编号：X-117；申报地区：新疆维吾尔自治区于田县。
[3] 类别：传统手工技艺；编号：Ⅷ-109；申报地区：新疆维吾尔自治区洛浦县。
[4] 类别：传统手工技艺；编号：Ⅷ-114；申报地区：新疆维吾尔自治区沙雅县。

一、绚丽多彩之女子服饰

维吾尔族女子服饰色彩绚烂，擅长利用红绿等补色对比，增强色彩的丰富性和视觉冲击力。女子的服饰色彩艳丽、明快，这一特征是不被年龄所约束的，老年、青年、幼年都穿色泽艳丽的裙子。如交错重叠之彩云效果的传统手工织成的丝绸——艾德莱斯绸长裙及连衣裙非常普遍，其款式宽松轻盈，更易展示丝绸的图案和色彩，以及面料的飘逸、灵动，成为维吾尔族的标志性符号。而沉稳中具有飘逸之美的金丝绒、印花绒、乔其绒、乔其纱、柔姿纱等面料也被维吾尔族女子广泛应用。维吾尔族女子还善于运用纱质面料的通透性来增加色彩的层次感和丰富性，如粉红色纱裙下衬鲜红，淡黄色纱裙下衬红、黄、绿、蓝等。映衬中使衣裙富有浓淡深浅变化之美，飘逸中增添了朦胧感、神秘感。

通常为翻领长衫，也有圆领，领口下系扣；外罩短小合体的坎肩，最常见的颜色有深红、深蓝、黑色；胸前刺绣花纹进行装饰，花纹呈对称分布，纹样中以生产生活中最主要的经济作物葡萄纹最为常见。另外，维吾尔族女子还喜欢将大自然中的各种花卉纹样刺绣在胸前、肩部、领口、袖口等缘边部位。

头饰及帽饰，即首服也是维吾尔族女子整体服饰形象中具有典型特征的装饰。维吾尔族女子以长发为美，头上善梳多条长辫，跳起舞来，尤其是维吾尔族的标志性舞蹈动作，颈部左右移动，发辫都会随之摆动，成为女子整体服饰形象中较为典型的标志。旧时，未婚少女梳多条小辫，婚后梳两条长辫，但刘海保留，两腮处卷曲鬓发保留。辫梢呈散开状，通常头插新月形梳子，双辫盘髻也很普遍。根据伊斯兰教义，若在室外头上无遮盖物，便是对天的不敬。所以，维吾尔族均出门戴帽，女子小帽中最小、最轻的圆帽直径不足10厘米，重量不足100克。较为多见的颜色有玫瑰、橘黄等。小帽之上还经常钉珠或插花为饰。另外，有一种羔羊帽也非常别致小巧，被称为“袖珍帽”。据说，古代南疆有许多小国，各国之间战争频繁。有一年于田王征服了邻近的一个小国，将亡国的太子之妻阿米娜掳回，阿米娜心灵手巧，聪慧过人。她用黑羊羔皮和白羊羔皮组合而缝制了五顶式样别致的小帽，献给王后。国王看后赞不绝口，夸王后戴上此帽变得年轻漂亮了。阿米娜由此得到了王后的宠爱。从此，小羔羊帽便成了老年妇女的吉祥物和装饰品。这种别致小巧的“袖珍帽”后来成了于田等地区维吾尔族的符号之一。至今，在南疆的街头依然随处可见。

维吾尔族女子的头巾讲究质软而色艳。冬日羊毛大头巾具有很好的御寒效果，灰色、米色最为常见。中老年女子还经常在花帽之处披棕色网眼大头巾，垂至腰间。维吾尔族女子还喜戴各种首饰进行装扮，如项链、耳环、戒指、胸针、手镯等。服饰的绚丽多彩、首饰的斑斓夺目，使维吾尔族女子尽显无限风韵。

二、粗犷奔放之男子服饰

维吾尔族男子服饰具有粗犷奔放的游牧风格。最为醒目的衣服为长过膝、对襟、宽袖、无领、无扣的竖条纹长衫，前襟敞开。衬衫多为长领边，不开襟，领面及领缘处刺绣花边，长及膝盖或臀部。方形围巾双叠系扎于腰间，呈三角状，腰间扎系宽长带也较为普遍。中青年男子多穿花格衬衫，年轻人及儿童多穿缀有花边的衬衫。老年人的服饰以黑色、深褐色为主。下多搭配青色长裤，长至脚面。维吾尔族男子的传统裤子为大裆裤，款式简单，根据季节不同，分为单裤、夹裤、棉裤三种，通常以布料制成，受游牧生活影响，以羊皮、狗皮等制作裤子也不足为奇。通常在裤脚边装饰花卉纹样，多以茎、蔓、枝藤等自然植物的连续纹样加以装饰，富有生活气息和细节之美。

男子足服以中长皮筒靴为主，硬底皮鞋也较为常见，搭配长衫，行走时，大气洒脱、粗犷奔放。寒冷的冬天，中老年男子多在皮鞋外再套一双软质胶套鞋以保暖和防滑。男子会在腰后方挂一把喀什小刀，以备日常切割瓜果及肉食之用，这也成为维吾尔族男子服饰形象中不可或缺的细节，这一实用挂饰增添了维吾尔族男子服饰形象的豪爽气息。

在维吾尔族服饰形象中，最具典型性、最具特色的要数帽子，男女老少均戴。不仅仅为了防寒防暑，最重要的是宗教信仰的体现，在生活礼仪及日常生活中必不可少，必须佩戴。维吾尔族帽子包括皮帽和花帽。皮帽大多以羊皮为原料，也有用貂皮、旱獭皮、狐皮、兔皮等，主要作用在于御寒。不同款式及皮毛制作而成的帽子也可作为区分职业、年龄的标志，如中老年男子及宗教人士通常佩戴用貂皮等制成的“赛尔皮切吐玛克”。维吾尔族花帽选料精良，工艺精湛。款式千变万化，造型生动独特。刺绣花纹具有不同的地域性特征。

图2-16 维吾尔族绣花绿缎连衣裙，上海博物馆收藏，郑卓摄影

维吾尔族聚居之地为中国西部边疆，正是历史上被称为“西域”之地，汉唐之时是丝绸之路的必经之地，故这里自古就成为东西文化交流的通道。在当地出土了很多衣物，由于气候干燥，保存相对完好，经过比对，维吾尔族现代民族服饰与出土衣物较为相似，具备了传承性和地域性的双重特点。体现了西域文化的历史沉淀（图2-16~图2-27）。

图2-17 维吾尔族男女服饰，乌鲁木齐博物馆收藏，仵宁宁摄影

图2-18 维吾尔族平金绣花卉纹黑绒坎肩（清代），上海博物馆收藏，张梅摄影

图2-19 维吾尔族平金绣花卉纹紫绒对襟袄（清代），上海博物馆收藏，厉诗涵摄影

图2-20 维吾尔族毛织依禅衣帽，上海博物馆收藏，郑卓摄影

图2-21 维吾尔族小花帽、羔羊帽，北京服装学院民族服饰博物馆收藏，张晨摄影

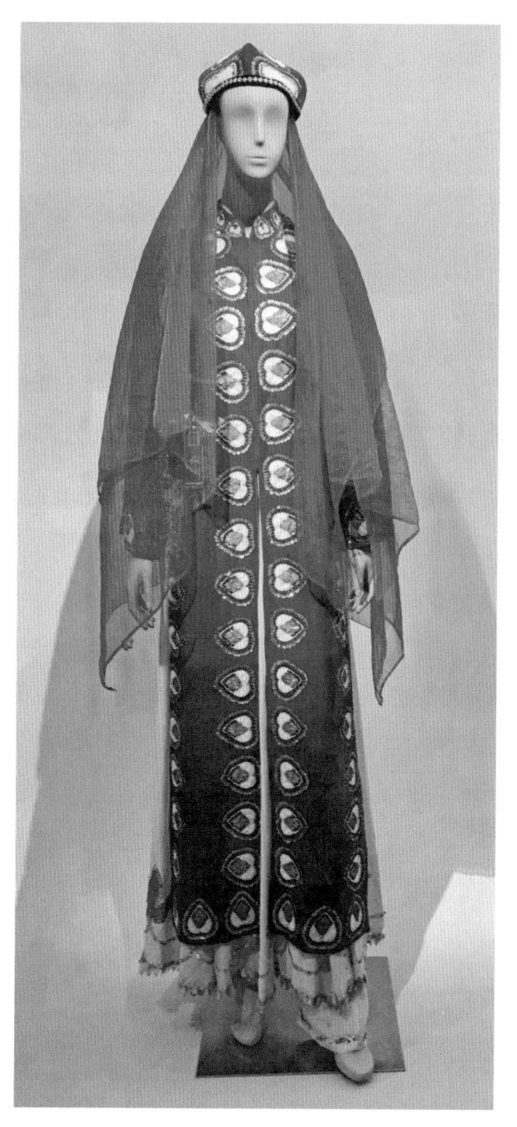

图2-22　维吾尔族红丝绒镶料珠拼花女服，中央民族大学博物馆收藏，张晨摄影

图2-23　维吾尔族艾德莱斯绸连衣裙，北京服装学院民族服饰博物馆收藏，张晨摄影

图2-24　维吾尔族绣花卉纹围巾，上海博物馆收藏，王梦丹摄影

图2-25　维吾尔族生活场景，阿克苏市哈拉塔镇，冯凡摄影

图2-26 和田小帽，冯凡摄影

图2-27 阿克苏市中老年文艺汇演，冯凡摄影

第七节　乌孜别克族服饰

在中国，乌孜别克族属于人口较少的少数民族之一，散居于新疆伊宁、塔城、喀什、乌鲁木齐等城市。现有人口约1万人。主要信奉伊斯兰教。因与维吾尔族交往甚多，故其服饰等习俗与维吾尔族非常相似。

一、西北风情之男女服饰

乌孜别克族男子贴身多穿小立领短款白衬衫，其领边、前襟止口、袖口等衣衫部位绣以几何纹样装饰，红、绿、蓝色较为多见。刺绣纹样还常出现在男子的手帕、烟袋等衣饰上。男子服饰及佩饰上的精美刺绣花纹无不体现出乌孜别克族女子的刺绣技艺及心灵手巧。纹样以西北生活中的植物、花纹、动物等为主。外罩花纹长衫或纵向条纹及膝或过膝长袍，通常敞怀穿着。传统长袍多选用质地厚实的面料，如伯克赛木绸、金丝绒等，其颜色丰富，款式简洁，多为直领，也有斜领，无衽或右衽，无纽扣，一般不设口袋，右衣襟偶有花边装饰。足蹬长筒皮靴，靴外常套以胶制浅口套鞋，入室脱下套鞋，套鞋不但可以防止雪水及泥土浸湿靴子，还有确保室内卫生的作用。男子习惯在腰间束带，腰带材质为绸缎或花布绣织，青年男子腰带颜色较老年人艳丽。

乌孜别克族女子春夏季多穿色彩艳丽的翻领丝绸衬衣或连衣裙，款式宽大，多胸褶，不束腰带，且在胸前刺绣各种花纹及缝缀亮片、多彩珠子以装饰，习惯外罩精练的绣花小坎肩，坎肩上还镶嵌有珠片加以点缀。也有在连衣裙外面套绣花衬衫、西服上衣的穿法。下裳款式亦宽大。青年女子较老年人服饰色彩亮丽。与男子一样，女子足服亦为绣花长筒皮靴或皮鞋及套鞋，其工艺精湛，装饰美观。老年妇女着布衣，以黑色、深绿、咖啡等色为主的布料制成，头上扎系巾帕。

在寒冷的秋冬季节，男女除了添加毛衣、毛裤、棉绒、呢子大衣外，还喜欢着动物皮大衣，如狐皮、水獭、旱獭、羔皮等。加之裘皮帽饰、高筒绣花皮靴等的呼应，更加凸显西北游牧特色。

二、民族特色之精美配饰

乌孜别克族女子尤为喜爱装饰，不论老幼均留发辫，最为常见的配饰如发夹、项链、耳环、耳坠、手镯、戒指等。绣花小帽为最常见首服，款式较为丰富，以四棱形、圆形为主，做工精巧、色彩醒目，既有古朴大方的白花黑底，也有强烈闪耀的花丛小帽。有的女

图2-28 乌孜别克族绣花镶边女帔袍，上海博物馆收藏，郑卓摄影

子还在精致的小帽上罩以轻薄透明的挑花绣边披巾，随风摆动，十分飘逸雅致。受传统宗教影响，女子还有出门穿斗篷、戴纱巾、围方头巾的习俗。小伙子多戴红色小帽，老年男子多戴深绿色或素色不绣花小帽。

乌孜别克族的配饰具有民族特色，在隆重的节日盛典及重要聚会上，以及外出走亲访友时，妇女们都要将精美配饰搭配齐整，打扮完美，使整体服饰形象完整，鲜明生动（图2-28~图2-31）。

图2-29 乌孜别克族女子形象，北京服装学院民族服饰博物馆收藏，袁梦瑶摄影

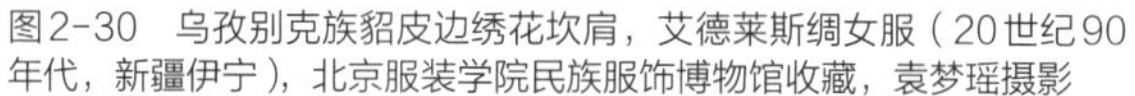

图2-30　乌孜别克族貂皮边绣花坎肩，艾德莱斯绸女服（20世纪90年代，新疆伊宁），北京服装学院民族服饰博物馆收藏，袁梦瑶摄影

图2-31　乌孜别克族刺绣女袍（19世纪晚期，新疆伊宁布），北京服装学院民族服饰博物馆收藏，袁梦瑶摄影

第八节　锡伯族服饰

锡伯族的祖先为古代鲜卑族，其历史悠久，故乡在大兴安岭南段的辽河流域，清太宗时散居各地。现有人口约19万人，是我国人口较少的民族之一。现主要聚居于新疆维吾尔自治区的伊犁哈萨克自治州察布查尔锡伯自治县、伊犁河流域的霍城、巩留两县。还集中分布于辽宁省的沈阳、开原、义县、北镇、新民、凤城等。散居于吉林省的扶余、前郭尔罗斯蒙古族自治县等。2011年6月9日，锡伯族刺绣经国务院批准列入第三批国家级非物质文化遗产名录[1]。

一、能骑善射之胡服风格

锡伯族自古能骑善射，畜牧、打猎、捕鱼是其主要生活方式。服饰是文化的产物，自然迎合其生产生活方式应运而生。在长期的骑马、劳作等生产生活中，锡伯族男子着对襟短袄及立领过膝长袍，长袍左右两侧，在膝下约半尺处开衩，便于上下马。长袍腰部扎腰带，腰带上常年缀挂烟袋、荷包等。上身套坎肩，袖口结构独立，为马蹄形，根据天气情况，可以翻起，也可以放下，在寒冷的冬季，将马蹄袖放下，护住手背，可达到取暖的目的，同时也

[1] 类别：传统美术；编号：Ⅶ-108；申报地区：新疆维吾尔自治区察布查尔锡伯自治县。

不影响拉弓射箭。下着散腿长裤，为了御寒，外加“套裤”，保护膝盖及腿部不受寒，且不影响骑射，因为套裤无裤裆和后腰结构，仅就两条裤腿，扎系腿带。男女均扎黑色腿带，年轻女子通常扎系艳丽色彩的腿带，如粉红色、红色等，丧事则扎系白色腿带。

首服，夏为笠帽，冬为毡帽。足服为厚底鞋。服饰色彩以青、灰、蓝、棕等色为主。

二、融合兼收之服饰特征

如上所述，锡伯族男子服饰同时具有满族、蒙古族服饰特色，即主服为大襟长袍、马褂。首服为毡帽，足服为长筒皮靴，腰间束带，且挂烟袋、荷包等物件。与满族服饰的游牧性几近一致，同时具备了蒙古族的草原情怀。

锡伯族女子服饰同样融合了满族、维吾尔族、蒙古族、汉族的服饰风格。

锡伯族女子习惯穿长及脚面的旗袍，色彩淡雅，领口、衣襟、袖口、下摆等部位均有绲边工艺，在右侧腰部，掖一条半露出的彩色丝帕。耳环、手镯、戒指等多为金银材质，喜涂粉、涂口红、染指甲等。脚着绣花布鞋。其袍式及绣花宽缘边装饰及穿戴方法与满族极其相似。外罩齐腰小坎肩，坎肩为对襟或斜大襟，均有花边装饰，坎肩款式与维吾尔族女子的典型服式非常接近。锡伯族女子同时融合了蒙古族服饰习惯中的围巾、腰带等。头部的特色装饰额箍，似塔吉克族、柯尔克孜族头饰。箍上有贝壳、宝石、金银制花饰，箍下垂一排长长的银链或珠串，至眉际间。此外，新娘装中的一种对称状佩饰装饰部位较为独特，从腋窝至足部，分别以丝带连有3~5只荷包，而每只荷包又连有水晶、玉石、琥珀、玛瑙、铜镜等晶莹剔透的装饰物件。新娘的头上需要簪戴6~12只簪花，簪花必备吉祥名称。关于发式，少女通常留一条长辫，以彩色“毛线”扎系辫根部，无刘海，头上除额箍装饰外，还插戴簪子、绢花、辫梢点花等。婚后女子则头顶盘髻，有刘海，脑后燕尾造型。平时梳双辫或将其盘成“疙瘩髻”（图2-32~图2-35）。

图2-32 锡伯族玫红色缎面绣花盘扣女服，中央民族大学民族博物馆收藏，李佳琦摄影

图2-33 锡伯族女子头饰，马忠义摄影[1]

图2-34 锡伯族镶花边女长裙，张锋摄影[1]

图2-35 锡伯族老年服饰，北京服装学院民族博物馆收藏，李佳琦摄影

思考与练习

1. 试述俄罗斯族女子长裙的美感。
2. 简述哈萨克族在帽顶等部位插猫头鹰羽毛的原因。
3. 绘制柯尔克孜族男子圣帽，并分析其美感。
4. 绘制维吾尔族刺绣小帽，并通过课外资料检索，分析其图案特色。
5. 自选角度进行服饰分析或专业写作。
6. 任选服饰特色进行现代服饰设计。

[1] 韦荣慧. 中国少数民族服饰图典［M］. 北京：中国纺织出版社，2013：151，154.

基础理论

第三章　宁夏回族自治区、甘肃省、青海省民族服饰

课题名称： 宁夏回族自治区、甘肃省、青海省民族服饰

课题内容： 保安族服饰、东乡族服饰、回族服饰、撒拉族服饰、土族服饰、裕固族服饰

课题时间： 4课时

教学目的： 本章主要讲述以上6个少数民族服饰中最具特色的内容。重点讲述伊斯兰教对服饰特色形成的影响。

教学要求： 1. 了解以上6个少数民族服饰的特点。

2. 自选角度进行服饰分析或专业写作。

3. 任选以上少数民族服饰特色进行现代服饰设计。

课前准备： 1. 了解宁夏回族自治区、甘肃省、青海省的气候特征，了解伊斯兰教的教义规定对服饰的影响。

2. 收集与整理以上少数民族与服饰相关的省级以上的非物质文化遗产名录。

第一节　保安族服饰

据史料记载，元明时期，保安族为青海同仁区域驻军垦牧的蒙古人，与回、汉、藏、土等民族和睦相处，习俗上受到多个民族的影响和融合。现有人口约2万人。主要聚居在甘肃省积石山保安族东乡族撒拉族自治县内的大河家、刘集一带，少数散居在毗邻的临夏回族自治州、青海省循化县，以及新疆维吾尔自治区。2006年5月20日，保安族腰刀锻制技艺经国务院批准列入第一批国家级非物质文化遗产名录[1]。

一、宗教信仰之风格服饰

保安族男女服饰变化不大，由于全民信奉伊斯兰教，故在男女服饰上宗教信仰风格表现明显。

首先，男子的礼拜帽，也称“号帽”，明显具有回族服饰特征。为男子重要首服，礼拜时戴用，但日常生活中也普遍服用，是保安族男子服饰的主要特征。这种小帽最初流行于伊斯兰教的发祥地阿拉伯地区，且有反射阳光辐射的作用。通常为白色或黑色的圆顶小帽，亦有黑色六角帽。上身素雅，内穿白衬衫，外套坎肩状深色背心，下着长裤，足蹬马靴或布鞋。在正式场合，习惯穿黑色长袍，领子宽大，较藏袍略短，扎系腰带，年轻人系红色，中年人系紫色，老年人系黑色。均配腰刀。

其次，受阿拉伯国家女性习俗及伊斯兰教的影响，女子有以纱绸质感的盖头遮头护面的习俗。盖头形似披风帽，内衬白色小帽，利用盖头将头发、耳部、脖子遮住，仅露面部。从盖头的颜色可区分年龄，如一般情况下，少女选择绿色，婚后女性选择黑色，均长至肩膀；老年人选择白色，长至背心处。另外，流行于甘肃东乡族、保安族聚居地的褶子帽是少女戴的圆形首服，以丝绸、丝绒制成，帽子顶端多为绿色、黑色、蓝色，褶皱花边多为红色、黑色、绿色。右耳帽檐部位垂坠串珠彩色丝穗。女子穿大襟花袄，多为紫红色或墨绿色。外罩对襟或大襟坎肩，款式为圆领套头式，一般以红缎制成。下着蓝色或黑色裤子，也有着长袍的。衣襟、袖口、裤脚等处镶边装饰。保安族女子也喜爱佩戴各种首饰，但一般以短小为尚。

[1] 类别：传统手工技艺；编号：Ⅷ-42；申报地区：甘肃省积石山保安族东乡族撒拉族自治县。

二、远近闻名之保安腰刀

保安腰刀，既是保安族及邻近民族必备的生活用具，也是构成其整体服饰形象不可或缺的一处点睛之笔。亦是精致的传统手工艺品和上乘礼品。其线条流畅，造型精美，工艺考究，光滑亮丽、精美绝伦。不但在西北各民族间广为流传，在阿拉伯国家也颇负盛名。

保安腰刀以锋利著称，刀锋发亮，寒光逼人，削铁如泥，削发即断。以什样锦镶嵌而成的刀把十分精美，纹样协调高贵，色彩绚烂，如金黄、湛蓝、翠绿、桃红、银白等，常隐现梅花朵朵，动感十足。高贵而神秘的银白色刀鞘，枣红色铜箍，璀璨夺目。刀鞘上端打造一圆滑小孔，以悬挂紫铜细环。保安腰刀的规格最为常见的有5寸、7寸、10寸三种。其品类非常丰富。制作工艺非常复杂，有八十多道，最少也需三四十道方能完成。刀面的装饰可谓精雕细刻，多呈现梅花、丹凤起舞、双龙戏珠等。刀柄通常会选用光泽细腻的黑、白牛角，赛璐珞等，镶嵌黄铜、红铜等为饰。刀鞘非常精美，外壳以黄铜或白铁皮打制而成，内衬木芯，用以保护刀刃。

保安腰刀中的“波日季”最为经典，且流传有一段故事：在很久以前，保安族人幸福地生活在自己美丽的村庄。有一年，来了一个强悍的魔鬼，他经常到村寨掠夺姑娘，保安村民苦不堪言。有一名叫哈克木的铁匠对魔鬼恨之入骨。一日，他手持钢刀冲进魔鬼所居山洞与之搏斗，奇怪的是，锋利的钢刀根本伤不到魔鬼的身体。过了几日，哈克木梦见一位白胡子老爷爷，老爷爷告诉他，有一种叫“波日季”的腰刀可制服魔鬼。并且说，对面山上的天池西边有一棵老树，按照老树的叶子打一把腰刀，并在刀面上凿上树叶纹样。后来，哈克木按照白胡子老爷爷的话精制腰刀，怒杀魔鬼，救出村里被掠夺的姑娘们。“波日季”由此被保安族人传承至今。

保安腰刀的精湛技艺属于保安族民众。据说，有个财主想方设法骗得保安腰刀后，一夜之间，自家的铁门上就插满了保安腰刀，根本无法拔出，这令他魂不守舍，当他将保安腰刀奉还主人后，铁门上的数把保安腰刀便不翼而飞了。后来，财主又派人抢夺，甚至下令杀死保安腰刀主人时，凌空而降的锋利保安腰刀吓得他们抱头鼠窜。如此生动的传说表明保安腰刀在保安族人心目中的地位，也体现了保安族人的骨气，他们友好地将保安腰刀赠送给藏族、土族、汉族等毗邻同胞，却不会送给财主恶霸（图3-1~图3-3）。

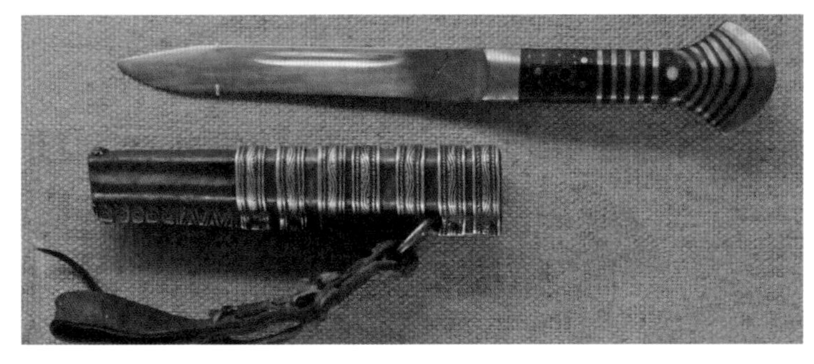

图3-1　保安腰刀，上海博物馆收藏，王梦丹摄影

图3-2 保安族绸缎绣花女服（甘肃临夏），中央民族大学民族博物馆收藏，蔡森森摄影

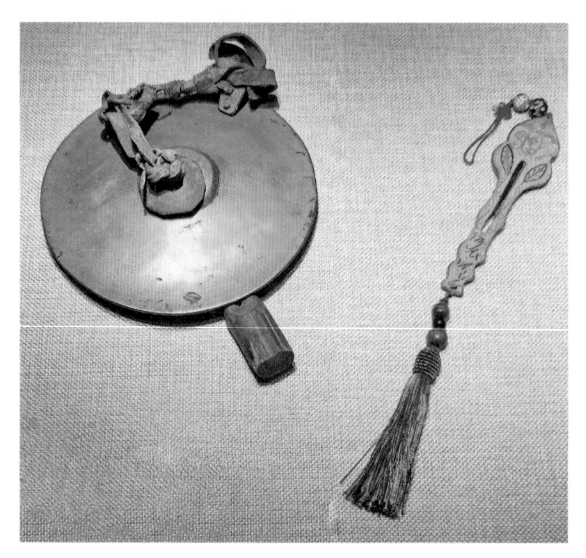

图3-3 保安族盘铃[1]及刺绣挂件，中央民族大学民族博物馆收藏，蔡森森摄影

第二节 东乡族服饰

有学者认为，东乡族原为蒙古人，又自称“撒尔塔”，以撒尔塔人为主。长期以来与毗邻回、蒙古、汉族等交融相处，民俗互渗。现有人口约62万人，主要聚居在甘肃省东乡族自治区。2008年6月14日，毛纺织及擀制技艺（彝族毛纺织及擀制技艺、藏族牛羊毛编织技艺、东乡族擀毡技艺）经国务院批准列入第二批国家级非物质文化遗产名录[2]。

一、素净交融之男女服饰

东乡族信奉伊斯兰教，故服饰素净大方，多选用以青、蓝、藏青色，面料以织布为主。红、绿等鲜艳色彩多出现在少女服饰上。因长期与多个民族杂居交融，生活习俗及服饰上均受到其他民族的渗透与影响。如男子曾在20世纪初穿着蒙古族典型服饰及配饰，又长时期保持着回族服饰特征，即头戴白帽，上身白衫套坎肩。有的东乡族男子还模仿维吾尔族，在腰间扎系三角形腰带。还有的与内蒙古地区汉族人的穿着方式类似，即在寒冷的冬季穿不挂面的宽大皮袄。

[1] 盘铃：体鸣乐器，在我国众多民族中均有流传，音色浑厚、柔和，犹如钟声，其形制多样，多用于器乐合奏或歌舞、戏曲伴奏。

[2] 类别：传统手工技艺；编号：Ⅷ-101；申报地区：四川省昭觉县、色达县、甘肃省东乡族自治县。

东乡族男子上衣左右对称，对襟，布艺纽扣，立领。下配浅蓝、黑色等长裤，为了保暖，常在长裤外另加黑色套裤。寒冬，习惯外披无挂面斜襟羊皮袄，或长或短，习惯在腰间扎系粗布腰带。老年人的特色服饰为褐褂。褐褂以东乡族特有的羊毛褐子料缝制而成，坚固耐用，有长有短，日常生活中，短款褐褂轻便利落，方便劳作；而在礼拜场合或探亲访友时，则穿长褐褂，其色泽天然，如深棕、米黄、黑、白色等。

东乡族女子服饰风格与回族最为接近，如首服的头巾、围饰、短袄、长裤、布鞋等。但坎肩较为独特，不仅有大襟、对襟款式，通常采用后开或在侧缝处开襟。开襟的边缘处除绣花点缀外，还镶嵌亮片装饰。

同男子服饰一样，东乡族女子服饰色彩亦体现素雅风格，黑色、藏青色最为多见。上衣款式较宽大，较长，至膝盖处，右衽，长袖，外套长至膝盖的坎肩，下穿宽大长裤。寒冬时节，在棉袄外罩皮袄。新娘的婚装为前后开衩款长袍及裙子。上身穿装有多层假袖的斜襟上衣，据说，缝缀层层叠叠假袖的目的在于显示富足。

二、男女首服及特色配饰

受伊斯兰教义影响，男子头戴仅可覆盖头顶的号帽。其款式为平顶软帽，按照季节有夹帽、单帽之分，颜色有黑、白两色，普遍以布缝制，也有为显示富贵而以绸缎缝制、细线钩织。老教的号帽顶部以六块布拼缝而成，新教的号帽顶部以单块布裁剪而成。东乡族男子不留长发，但却留胡须，这一点，异于其他信仰伊斯兰教的回族、保安族、撒拉族等。有观点认为，东乡族老教男子留胡须，同教者见面会格外礼敬。

东乡族女子帽子非常独特，顺着边缘方向向上裹卷，翻转成圆条状突棱。也有将多个布条先绣花装饰，再缝合而成数个小圆筒，将小圆筒穿合在一起围成头箍，头箍旁还饰有大朵花及多条串饰。另外，东乡族女子一般都戴长及腰间的盖头，头发不外露，只露出面部。这一服饰特征源于宗教，伊斯兰教认为女人的头发需要遮掩，因为头发是一种羞体。所以，东乡族女孩子从7~8岁时就开始戴盖头了，少女和新婚者的盖头多为绿色，婚后少妇、中年妇女的盖头为黑色，老年女子的盖头为白色。

东乡族女子平日里习惯戴银制耳环、手镯，头饰、胸饰等较少见。但新娘装的配饰相对丰富，头饰最为常见的是银制簪草头花及五枝形的扇花缎簪草。同时佩戴胸饰、大小不一的圆形银牌等（图3-4、图3-5）。

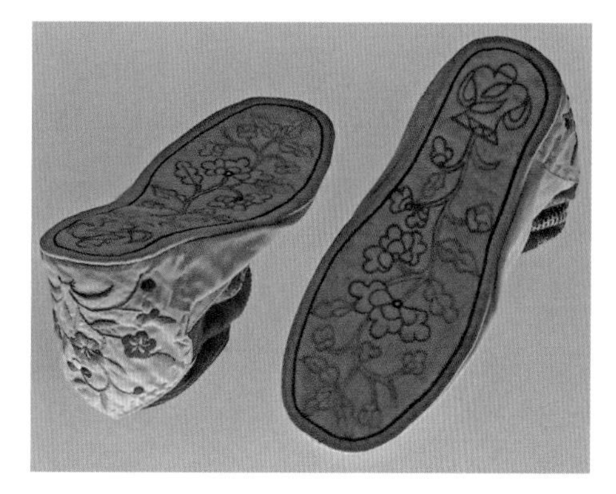

图3-4　东乡族绣花软底鞋（20世纪下半叶，甘肃临夏），上海博物馆收藏，张梅摄影

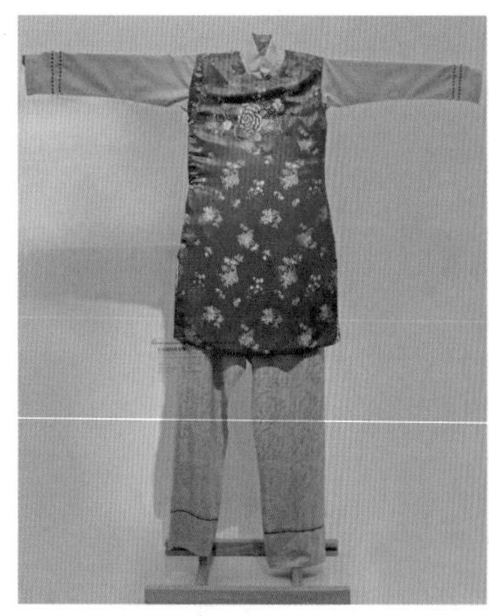

图3-5 东乡族织花缎绣花女服（20世纪80年代，甘肃东乡），中央民族大学民族博物馆收藏，章意若摄影

第三节 回族服饰

回族历史悠久，人口较多，现有人口1058万人。主要聚居地除了宁夏回族自治区外，还有新疆、甘肃、青海、河南、河北、山东、云南等地，散居于华夏各地。信仰伊斯兰教。2006年5月20日，回族服饰经国务院批准列入第一批国家级非物质文化遗产名录[1]。

一、标志特征之无檐白帽

回族男子服饰形象中最具标志特征的是头戴无檐白帽，也称“礼拜帽”“顶帽”。其颜色有白、绿、蓝、灰、黑五色，春、夏、秋三季多戴白帽，冬季多戴灰、黑帽。白帽最为普遍且应用最广，其材质多为棉布、的确良、涤卡等，也有以白色棉线钩织而成；黑帽材质多为平绒、花达呢等，也有以粗毛线钩织而成。

白帽制作精巧，通常会镶缝金边及漂亮的花纹，亦有用金黄色的线刺绣阿拉伯经文“真主至大”“清真言”等。北方回民在寒冷的冬季亦戴白帽，只是在其外面再戴保暖皮帽或毡帽等，但有露出一圈白边的习惯。

被回族男子广泛喜爱的无檐白帽与其信仰的伊斯兰教有关。因为在礼拜叩头时，根据教义规定，前额和鼻尖是必须着地的，所以无檐款式最为适合。同样，因为教义影响，回族喜欢白色，所以，除了白帽，回族男子的衬衫、布袜、裤子等都普遍使用白色。

[1] 类别：民俗；编号：X-66；申报地区：宁夏回族自治区。

二、整洁利落之男子服饰

回族具有简朴、大方的审美习惯和生活习惯。男子上衣一般选用白、灰、黑三色的棉布、化纤、毛料，不同季节，衣服厚度不同。领口一般裁剪成制服样式。回族人很爱干净，故衣冠整洁利落，秋凉之际习惯穿坎肩，在雪白的衬衫外穿一件青色对襟坎肩，朴素得体，平挺工整，色彩对比强烈，襟边、袋口处以明线装饰，包扣，整体给人以清新、干净之感，符合回族的审美需求。根据季节不同，坎肩材质有单、夹棉、皮之别。坎肩可穿在外，亦可穿在内，既实用又美观。冬季皮坎肩选用胎皮和短毛羊皮为原料缝制。不仅轻便保暖，且干练利落。回族男子特别爱穿坎肩，还有一个原因就是男子具有爱清洁的习惯，且有每次礼拜之前也要清洗的教义规定，故在日常生活及礼拜之前，身穿坎肩便于他们洗脸、洗手、洗脚等清洁工作。另外，有“回民挂腰刀”之说，这一习俗是从阿拉伯传入的，既体现了尚武之风的装饰效果，也在日常生活中方便随时使用。

回族男子足服为自制布鞋，多见方口、圆口，也有以麻、棉线缝制而成的凉鞋。其袜跟、鞋垫通常以绣花装饰。老人有绑裤腿的习惯。北方回族老人冬季穿皮质袜子，以又软又薄的小牛皮为原料，实用而美观。

回族男子非常注重自身形象，在面容的修饰上也具有本民族特征。在回族的审美中，认为男子留胡子更具有风度和英雄气概。甚至有些回族人不留胡须会遭到谴责，故回族男子约二十岁即开始留胡子。胡子的形状丰富多彩，但无论何种样式，回族男子都会修剪、梳理得很干净利落。

三、淡雅素净之女子服饰

回族女子服饰具有素雅、端庄之风格。回族女子长期以来有戴盖头的习俗。这一习俗的缘由有二。其一，受宗教的影响，伊斯兰教认为女子的头发、耳朵、脖颈都不得外露，必须遮覆；其二，受阿拉伯人影响，因为阿拉伯地区，风沙大、水源少，洗浴不方便，故戴盖头以遮面护发。后来诸多阿拉伯人来到中国，将此习俗传入。

回族女子的盖头多见绿、黑、白三色，以上三色分别标识女性为少女、已婚、老人。颜色的象征意义分别在于，绿色寓意清俊，白色寓意洁美，黑色寓意稳重。回族女子的盖头，工艺讲究，做工精细，面料多采用飘逸、柔软的丝、绸、乔其纱等。盖头上还刺绣有风格素雅的花草纹样，或镶嵌金边装饰。在围裹方式上，少女、媳妇的盖头短，前遮颈部。老年人的盖头则长至背心。

回族女子习惯穿淡雅素净的对襟或斜襟长袍，袍长至膝下。在衣服领口、襟缘、底摆等处加绲边工艺。年轻女子衣服更加注重装饰，如多见绣花、嵌线、镶色、绲边等工艺，习惯外穿紧身束腰的短坎肩，一般着蓝色或黑色长裤，足服为鞋头刺绣花纹的绣花鞋或胶鞋，袜子底部也讲究绣花装饰。中、青年女子习惯穿水红、粉红、苹果绿、翠蓝、天蓝、藕荷色等亮丽色彩。而老年女子服饰颜色多以黑、蓝、灰深色为主，着大襟衣服，搭配过膝长坎肩。受伊斯兰教影响，回族女子禁穿超短袖衫、短裤、裙子，忌赤足外出。

回族女子有自幼扎耳洞的习俗，七八岁的小姑娘就戴耳环。之所以这么早戴耳环，原因在于，回族人认为眼部的穴位居于耳垂中央，戴上耳环可以刺激耳部眼睛的穴位，从而使姑娘眼睛更加明亮。饰品中最为常见的还有戒指、手镯等。回族女子还有点额及以红色凤仙花染指甲等装饰手法。

回族的新娘装为工艺精湛的粉红色长袍，绣花鞋，头戴白帽，外披缀有银花、绢花的绿色盖头，佩戴手镯、项链等银质首饰（图3–6~图3–13）。

图3-6　回族面纱绣花女服（20世纪90年代，宁夏同心），北京服装学院民族服饰博物馆收藏，巫颖怡摄影

图3-7　回族礼拜场景，宁夏回族自治区博物馆收藏，张鑫摄影

图3-8　回族男女服饰形象，新疆维吾尔自治区博物馆收藏，倪文杨摄影

图3-9　回族男女服饰及小帽，额尔古纳民族博物馆收藏，李思琪摄影

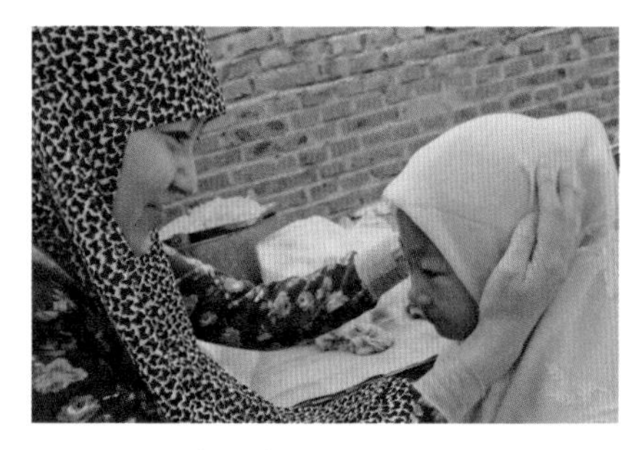

图3-10　戴“盖头”，额尔古纳市拉布大林清真寺收藏，李思琪摄影

图3-11　回族女子及儿童形象，宁夏回族自治区博物馆收藏，张鑫摄影

图3-12　回族青年女子（刘晶）形象，刘晶提供

图3-13　回族老人（金长富）形象，通化市清真寺门前，张岩摄影

第四节 撒拉族服饰

撒拉族，现有人口约13万人。主要聚居在青海省循化撒拉族自治县及毗邻的华隆回族自治县甘䣘乡、甘肃省石山保安族东乡族撒拉族自治县。散居于青海省西宁市等地、甘肃省夏河县、新疆维吾尔自治区伊宁县等地。信奉伊斯兰教。2008年6月14日，撒拉族服饰经国务院批准列入第二批国家级非物质文化遗产名录[1]。

一、广泛接触之服饰交融

撒拉族由于与回族、蒙古族、维吾尔族的广泛接触，其服饰中不乏回族、维吾尔族气息，甚至男子服式、女子围巾基本与回族相同，有的女子头巾似蒙古族款式，有的紧身坎肩与维吾尔族极其相似。最为常见的穿着为男子头戴卷檐羔皮帽，足蹬半腰靴子，身着近似于维吾尔族“袷袢”款式服装，腰间扎系红色布带。而女子服饰与男子十分接近，女服中最为独特之处在于以青布缠头，逢年过节喜披宽敞披风，披风上刺绣花边装饰。

日常生活中，与回族服饰最为接近，如女子服饰，首服“盖头”最为明显，其色彩可区分年龄，通常少女、新媳妇戴绿色，寓意生机勃勃、风华正茂。主服为大襟上衣，颜色与艳丽的盖头交相呼应，绣花针线荷包挂在斜襟纽扣上，既实用又具有装饰作用。外套对襟坎肩，或长或短，黑、绿色居多。常以金银做装饰，如耳环、戒指、手镯等。还有少数文身习俗，文刺部位多集中在额头、手背，多出现梅花纹。婚后及中年女子戴黑色盖头，寓意成熟稳重。年长女子戴白色盖头，寓意无瑕朴素。中年妇女的长衣衫、及地长裤、翘尖绣花鞋与回族很相似。男子服饰之清净也充分体现了回族风情的交融，年轻男子最为常见的穿着是白色对襟短衫、黑坎肩，腰间扎系腰带，红色或绣花装饰。老年人着长衫，缠头巾。婴儿出生及亡者离世均穿款式简单的白色衣衫、裹尸布，取“清白圣洁”之意。有一部分撒拉族人因紧邻藏族同胞，其衣饰多为光板羊皮袄、羊毛“褐子”等，与藏族服饰几近一致。

二、伊斯兰教禁约之服饰

撒拉族服饰中渗透了伊斯兰教教义禁约。伊斯兰教认为妇女的手、脸之外均为羞体，故信仰伊斯兰教的妇女必须以面纱遮覆头发、耳朵、脖子。撒拉族妇女所围戴的盖头即体现了教义禁约。《古兰经》中规定：妇女必须遮蔽下身、胸膛，不得露出首饰，除非在丈

[1] 类别：民俗；编号：X-116；申报地区：青海省循化撒拉族自治县。

夫、父亲、公爹、自己或兄弟姐妹的儿子、自己的女仆、奴婢、无性欲的男仆、幼小无知的儿童面前尚可。穆斯林礼拜时，规定前额、鼻尖都要着地，故撒拉族男子在日常生活及礼拜时都戴无檐圆顶帽，既是日常首服，也是“礼拜帽”。撒拉族的阿訇有戴缠头巾的习惯，传说源于穆罕默德曾戴过缠头巾，故被作为“圣行”效法。

显然，撒拉族首服中，女子的盖头、男子的圆顶帽均与伊斯兰教有关，但不能一概认为戴盖头的女人、戴圆顶帽的男人就一定都信仰伊斯兰教。还有少数人仅将此作为民族习惯和地域服饰习惯。

三、民间艺术之刺绣文化

在撒拉族民间艺术中，刺绣可谓是独树一帜，特色鲜明。撒拉族妇女心灵手巧，勤劳智慧，在农闲时，她们的爱好就是在日常生活用品及服饰上进行刺绣，如枕头、袜底、袜后跟、女鞋帮等部位。纹样多以各种花卉呈现，如牡丹、芍药、月季、马莲花、干枝梅等。年轻小伙子的围肚上、女子们贴身荷包上也刺绣有各种花卉和不同鸟形，其形象生动细腻、手工精湛、色彩丰富。在撒拉族民间，新娘的刺绣水平是其德、能的重要体现形式。在婚庆佳节时，新娘的绣品通常要陈列出来，供亲友品鉴（图3-14、图3-15）。

图3-14 撒拉族黑布绣花底短靿女袜（20世纪50年代，青海循化），中央民族大学民族博物馆收藏，张雨婷摄影

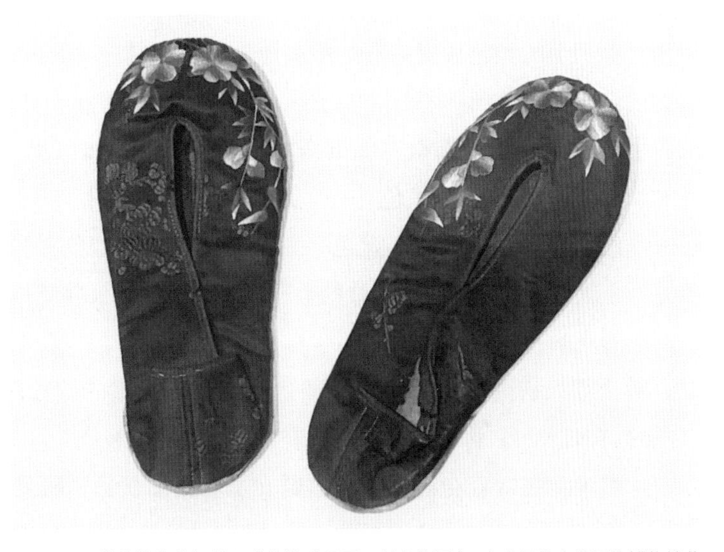

图3-15 撒拉族紫缎绣花回头女鞋（民国，甘肃临夏），中央民族大学民族博物馆收藏，张雨婷摄影

第五节　土族服饰

土族主要聚居于青海省境内祁连山支脉大坂山一带，互助、民和、大通等县分布最广。长期与汉、藏人民友好交融，历史悠久，人数较多。现有人口约29万人，多信仰喇嘛教。2006年5月20日，土族盘绣经国务院批准列入第一批国家级非物质文化遗产名录[1]。2008年6月14日，土族服饰经国务院批准列入第二批国家级非物质文化遗产名录[2]。

一、五彩缤纷之丰富女装

土族女子服饰可谓五彩缤纷，丰富多变。整体服饰形象通常为头戴翻檐镶边毡帽，上身穿绣花小领斜襟袄，下身配百褶长裙或裤子，长裙边缘露绣花鞋。扎系宽腰彩带，起到衔接上下装的作用及点缀功能，彩带两端刺绣花、鸟、云、蝶等自然物及丰富的几何图形等纹样，还挂坠小铃铛以装饰。常搭配黑、紫红、蓝等色大襟镶边坎肩。最富有民族特色的土族服饰当属女子的“七彩花袖衫”，也有“彩虹袖”之称，土族语称“秀苏”。正如土族古歌谣中所唱：“阿依姐的衣衫放宝光，天地妙用都收藏。红白蓝黑橙绿黄，万物全靠它滋长。”这“七彩花袖衫”是由红、黄、橙、蓝、白、绿、黑七色面料拼合缝制而成的套袖。

追溯七彩花袖衫的来源，民间流传有三种说法。其一，传说，土族先祖可汗布勒采下天上的彩虹作为面料，给爱妻缝制美衣。其二，久远之前，一名土族姑娘救助了一只从天上降临人间的七彩鸟，伤势痊愈后的七彩鸟离开前，拔下身上七彩的羽毛，教会土族姑娘运用这些羽毛的颜色做成如彩虹般美丽的衣袖。其三，是一名心灵手巧的土族放羊姑娘用美妙的歌声歌唱美丽的彩虹，在歌声中表达了自己想穿上如彩虹般漂亮的衣服的心愿。她的勤劳和歌声打动了佛祖，佛祖托梦给她，教会她如何将衣袖染成七彩颜色，并告诉她各种颜色的象征意义：黑色——大地；绿色——森林、草原；黄色——丰收的粮食；白色——纯洁的心灵、乳汁；蓝色——广阔的蓝天；橙色——金色的光芒；红色——太阳。于是，土族姑娘美丽如天上彩虹的七彩花袖衫诞生了，并流传至今。

七彩花袖衫，每一种颜色都孕育了对自然的崇拜和感恩之情，其产生是天上瑞兆及旨意，被土族人视为吉祥之物。其颜色还体现出厚重的游牧民族草原文化风情。故土族有“穿彩虹衣的人”之称，土族村落被誉为“彩虹的故乡”。

未婚少女通常着花袖短衫，已婚女子着花袖长衫，腰间扎系大包盘绣，首服为礼帽。

---

[1] 类别：传统手工技艺；编号：Ⅷ-24；申报地区：青海省互助土族自治县。
[2] 类别：民俗；编号：X-115；申报地区：青海省互助土族自治县。

新婚女子在礼帽上插花，以示吉庆。40岁以上女子的袖衫几乎为一种颜色，而老年女子则不穿花袖衫，不系绣花彩带，衣服及礼帽均以黑色为主。关于土族女子的发式，也因年龄不同而不同。未婚少女一般中间梳大辫子，留余发在两侧再梳两条小辫子，三条辫子合并挽成髻。已婚女子一般仅梳两条长辫子，两辫末梢相连，编入丝绒或丝穗，垂于后背，首服为织锦绒毡帽，毡帽色彩鲜艳，多为圆形。

土族女子服饰之丰富，离不开精彩绝伦的刺绣工艺。心灵手巧的土族女子自幼便学习刺绣技艺，少女时期便技艺娴熟。在土族的袖缘、领子、袖口、腰带、围肚、鞋袜、包裹等处无不以刺绣花纹装饰。刺绣使土族服饰除却色彩美感外，更具风情及细节之美。土族绣品亦作为馈赠亲友，定情信物之用。

二、畜牧农耕之典型男装

土族男子通常内穿绣花高领白色短袄，外套黑色或深色小领、无袖、斜襟长袍，似坎肩，腰上扎系两头绣花的长带，胸前镶嵌一块约四寸见方的彩色纹样。下着深色大裆长裤，足蹬长筒花云子鞋，内配布袜或嵌鞋，穿着轻便而舒适。为方便畜牧及农耕，小腿一定要扎系上黑下白的绑腿带，这绑腿带有“黑虎下山”之称。在民间，土族青年男女常以“黑虎下山”作为爱情信物，寓意“忠贞不渝”。土族青年男子头戴上翘宽檐毡帽，最为普遍的是缨子帽和“鹰嘴啄食”。缨子帽，为翻檐高顶，因帽顶的一绺红缨而得名，似源于清朝官帽。“鹰嘴啄食”为卷檐镶边，与一般卷檐帽不同的是，其前檐向前平展，后檐向上翻起，态势如鹰之啄食，故有“鹰嘴啄食”之称。土族老年男子的服饰相对素雅暗淡，以黑为多。身穿小领、斜襟长袍，外套黑色坎肩，腰间扎系黑色腰带，首服为黑色卷边毡帽，足蹬白袜黑鞋。

另外，土族青壮年男子的围肚上常常绣有蝴蝶图案。土族人自古爱蝴蝶。他们的祖先，曾经把蝴蝶作为本民族的图腾，虔诚崇拜。那黄灿灿的香云蝶，更是被尊称为“金色护法神”。民间流传着一个传说：早在几百年前，一位土族大将军转战中被敌人重重包围，几番冲杀后，不但没能突围，反而粮草断绝，战情危急。将军无奈而仰天长叹，准备就死，当他掏出一块香罗手帕，欲咬破手指而留下血书时，突然感到一阵香风吹来，朦胧中看见绣在手帕上的蝴蝶翩翩起飞，眨眼间蝴蝶变成一位身穿金甲银盔的姑娘。姑娘安慰将军不要悲愁，鼓励他继续战斗，告诉他哪有黄蝴蝶飞舞就往哪个方向突围。话音刚落，敌军已经凶猛地包围过来。大将军火速率军迎战，忽见黄色蝴蝶从天而降，向西北方向飞舞，他一声号令，全军将士奋勇朝西北冲杀，果真突破重围。为了感念蝴蝶，人们修造了一座寺庙，题为“金蛾阿姑娘娘庙”，人们络绎不绝前来朝拜。蝴蝶图案遂成了土族人民寄托对美好未来向往和对亲人祝福的吉祥之物，也成为美的象征。

三、色彩考究及特色配饰

土族服饰用色大胆，鲜艳、明快，视觉冲击力强烈，在各少数民族服饰中特色鲜明，从颜色上看，有“各民族之首”的说法。不仅女子服饰上的彩条或饰带出现彩虹般的色彩，男子服饰也十分注重多种颜色缘边的装饰手法。男女服饰的领、袖、帽等部位多以色彩鲜艳的精绣花纹装饰。

土族配饰别具特色，女子偏爱耳坠、耳环、项圈等。耳坠大且长，工艺精致，造型考究。耳环材质通常为金、银、铜，表面镌刻花纹、镶嵌绿宝石、红珊瑚等作为装饰，并悬挂五色彩珠，彩珠下连接穗子，彩珠与穗子在数量上以“上七下九”或“上五下七”为尚。土族女子所戴项圈最初是用芨芨草编结而成的圆环，再以红布包裹，镶嵌圆形海螺片，似铜钱大小。之后，材质上通常采用硬质布片及金属片。在互助土族自治县西山和西沟地区，项圈在女子服饰中不可或缺。有关项圈的来历，传说土族女子为惩治巨蟒，将铁链挂在巨蟒脖子上，这铁链后来衍变成女子项圈。关于土族项圈镶嵌贝壳作为装饰这一行为，学术界部分学者认为是吐谷浑的遗风。吐谷浑的先民是鲜卑族，来自辽东，是具备以贝壳为饰的条件和习惯的。关于土族配饰，还体现在胸饰、项链、手镯等，材质多为银。另外，绣花鞋、镶嵌彩石、银箔的挎包都成为土族整体服饰形象中的组成部分。从新娘装上看，更是精益求精，不仅衣裳闪耀，马鞍形头饰及帽饰上也点缀彩花，颈上以刺绣胸花装饰，还要搭配多种银饰、珠饰等。整体服饰形象的色彩非常考究。传说，土族头饰，体现的是本民族对鸟图腾及太阳神的崇拜。更为普遍的说法认为，土族头饰是早先其战袍、头盔的衍变物，体现了古代土族女子的勇敢顽强、能征善战（图3-16~图3-20）。

图3-16 土族女子服饰形象，上海博物馆收藏，郑卓摄影

图3-17 土族缎面彩绣绣花腰带女服（20世纪80年代，青海互助），中央民族大学民族博物馆收藏，张雨婷摄影

图3-18 土族七彩袖女长衫（近现代，青海互助），北京服装学院民族服饰博物馆收藏，张雨婷摄影

图3-19 土族女子服饰形象，北京服装学院民族服饰博物馆收藏，林雪纯摄影

图3-20 土族银耳饰（20世纪早中期，青海互助），北京服装学院民族服饰博物馆收藏，张雨婷摄影

第六节　裕固族服饰

裕固族，历史悠久，起源于唐代在浑河流域游牧的回鹘。历经多次迁徙，民俗中融合了蒙古族、藏族文化特色。现有人口约14.4万人。主要分布在甘肃省肃南裕固族自治县、酒泉市黄泥堡裕固族乡。多信奉佛教。2008年6月14日，裕固族服饰经国务院批准列入第二批国家级非物质文化遗产名录[1]。

一、高领帽缨之典型女服

在裕固族民歌中，有“帽无缨子不好看，衣无领子不能穿”的歌词，即裕固族的又一典型服饰特征——“高领帽缨”。首先，高领习俗的审美标准源于裕固族的生活和文化传统，因为在裕固族民间，有“泉源为水之头，领子为衣之首”的说法。其衣领高至耳根处，领面缘边处以七色或九色、十三色的丝绒线装饰，似彩虹般绚丽，线条呈现波浪状或常见的棱角分明的几何形。

另外，裕固族女子在婚后有戴帽子的习俗，其帽尖顶处为红线缝缀而成的帽缨，有寓意部族英雄的鲜血之说。这种帽子要在女子出嫁时的戴头面仪式上才能戴，帽形为喇叭状，非常庄重。面料多采用羊毛，帽檐边缘为黑条装饰，另以刺绣花边条及图案、丝线、珠贝、银牌等装饰。

与高领及帽缨搭配的服装款式，除了头面外，通常为偏襟长袍，多为蓝色或绿色，长袍边缘处施多层宽花边，以刺绣及夹缝细辫装饰，下摆两侧开衩，衣襟、底摆等边缘处常以云字花边装饰，腰间系桃红色或绿色带子，腰带上挂绸帕、小型腰刀等，大襟扣子上挂荷包、针扎等。长袍外罩同样高领的偏襟绸缎坎肩，红色及紫色居多，下摆两侧开衩，以丝绸花边装饰。背部由左及右嵌有半圆形花边，领子、门襟等部位均以刺绣装饰。下身着裤。平日夏天常赤足、冬天着足尖上翘的皮靴，盛装中穿绣有游牧花草、鹿、羊等图案的尖头软腰绣花鞋。盛装中耳环珠穗垂至腰间，珠状项链。

二、粗犷豪放之男子服饰

裕固族男子服饰风格粗犷豪放，带有蒙古族草原游牧风情。主服为大襟长袍，面料有贵气的绸、缎、布匹，也有平常的自织白褐子等。冬季皮袄有绸缎面子，也有光板皮袄制

[1] 类别：民俗；编号：X-114；申报地区：甘肃省肃南裕固族自治县。

图3-21 裕固族女子服饰形象，上海博物馆收藏，汤雨涵摄影

成。以水獭皮、织锦缎、彩色布条等镶嵌宽缘边装饰。左右两侧开衩，开衩及下摆边缘均镶边装饰。男子扎系腰带，通常为红色，腰带上如蒙古族一样，挂有火镰、腰刀、烟荷包、鼻烟壶等随件。下着宽松长裤，足服为皮靴。还有一个服装款式为左右开小衩的青色长袖短褂，罩于长袍外穿着。这个短褂仅在逢年过节或重大活动时穿着。

男子首服具有本民族个性。戴卷檐皮帽或金边毡帽，其造型独特，呈前尖后方、前低后高扇面状，后边卷起，帽顶有刺绣图案，图案多为在蓝缎上以金线织绣成圆形或八角形。帽檐周边绣花或绲边。

与女服一样，裕固族男子的服饰也善用红与蓝、黑与白等对比色，视觉冲击力强烈，视觉符号性强。如白毡帽上的装饰采用了红、黑两色的二方连续纹样进行帽檐的设计，由于色彩的对比强烈，使纹样清晰而醒目，非常生动和爽朗。如此之配色融入绿色的草原里，更是自然、和谐，与裕固族男子粗犷、豪放的性格交相呼应（图3-21、图3-22）。

图3-22

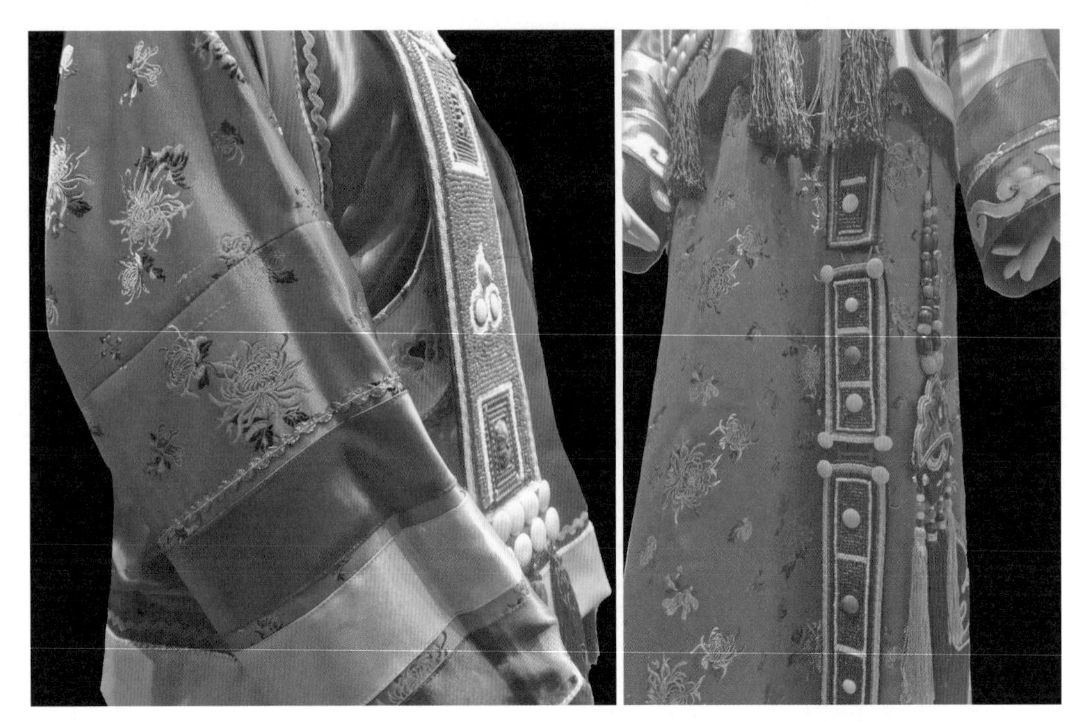

图3-22　裕固族女子服饰（局部），中央民族大学民族博物馆，范诗艺摄影

思考与练习

1. 简述保安腰刀的特色。
2. 绘制土族女裙，并简述其服饰美感。
3. 分析回族服饰色彩形成原因。
4. 简述裕固族头面特色。
5. 自选角度进行服饰分析或专业写作。
6. 任选服饰特色进行现代服饰设计。

基础理论

第四章　西藏自治区民族服饰

课题名称：西藏自治区民族服饰

课题内容：珞巴族服饰、门巴族服饰、藏族服饰

课题时间：2课时

教学目的：本章主要讲述以上3个少数民族服饰中最具特色的内容。重点讲述西藏自治区的高原气候条件对服饰特色形成的影响，以及藏传佛教对服饰的影响。

教学要求：1. 了解以上3个少数民族服饰的特点。

2. 自选角度进行服饰分析或专业写作。

3. 任选以上少数民族服饰特色进行现代服饰设计。

课前准备：1. 了解西藏自治区的主要气候特色及藏传佛教的主要特色。

2. 收集与整理以上少数民族与服饰相关的省级以上的非物质文化遗产名录。

第一节　珞巴族服饰

珞巴族，是中国人数最少的民族，现有人口3682人。主要聚居在西藏南部洛渝地区和隆子、米林、墨脱、察隅等县，信仰原始巫教。2008年6月14日，珞巴族服饰经国务院批准列入第二批国家级非物质文化遗产名录[1]。

一、刀箭随身之服饰风情

珞巴族长期从事农业、采集、狩猎活动。日常生活条件及生产实践中，男子有刀箭随身之习惯。挎上腰刀、背上弓箭，成为男子服饰形象中的重要特征之一。

因高原峡谷的自然条件，珞巴族男子平日有携长刀之俗。男子长刀是日常生活中的必备工具及重要防御武器，也是象征英勇智慧的装饰品。长刀在生产实践中的作用很大，如砍伐竹木，防御及攻击野兽、毒蛇，还可以起房造屋，切拨或裁剪兽皮、剪头发等。另外，弓箭也是珞巴族男子形影不离的佩饰及狩猎工具。珞巴族自幼练习射箭狩猎，传统的珞巴族弓箭的制作技艺非常讲究，是长期生产生活实践中智慧的体现。制弓所用的竹子对种类、竹龄有很高的要求，其弓长、厚薄有本族标准。一副优质弓箭的制作时间为20天左右。珞巴族男子的射猎技艺不但是其勇猛威武的象征，更是个人魅力的重要体现，在择偶时成为重要参考条件。射箭比赛是一项关注度最高的民间竞技活动。

二、狩猎特色之兽皮服饰

珞巴族长期生活在高原峡谷之中，其服饰具有山林狩猎特色，兽皮在其男女服饰中应用较为广泛。黑色长毛熊皮帽在珞巴族服饰中最具特色，男子将其戴在头上，披于身后，远看很像浓密厚重的长发，很具分量感，狩猎时，可以起到挡风遮雨和迷惑猎物的作用。男子穿藏式长袍，外罩皮制或毡制长坎肩。背上习惯披一块野牛皮披肩，以皮条扎系。这一披肩温暖而舒适，具有很强的抗湿性和保暖性，非常适合野外狩猎。下身套柔软、保暖的兽皮裤。足蹬长筒皮靴。狩猎过程中的重要工具还有小刀和火镰，其鞘为黄羊皮，防湿性能极佳。

---

[1] 类别：民俗；编号：X-112；申报地区：西藏自治区隆子县、米林县。

珞巴族妇女习惯穿自织麻布做成的无领窄袖上衣，为彩条状对襟样式，外罩长款坎肩或格绒毡，最具特色的是背披小牛皮。这张小牛皮不但具有御寒作用，还能在背扛重物于肩上时，对身体起到保护作用。下身穿紧身横条筒裙，长度仅过膝部，小腿裹缠，足蹬长筒皮靴。可见，女子服饰同样具有狩猎特色，兽皮应用同样广泛。

三、丰富饰件及多样发式

珞巴族男女皆佩戴各种饰件。男子除刀箭随身外，还常搭配大挎包，款式为宽带长穗。为了出行时衣服利落便捷，且方便携带小刀、各类小饰物，珞巴族男女有扎系腰带之俗。其材质有藤编、皮革、羊毛等。腰带上装饰有花纹，腰间还挂有铜饰、银饰、成串银珠、贝壳、玉石饰件等。女子腰部衣服上缝缀有以海贝串成的圆球，手镯、项链、额饰、戒指、耳环等，多为银质，也有铜质的。项间垂挂数十条珠链，耳饰为大耳环。所有饰物色彩丰富、造型多样、声响悦耳灵动。女子饰件遍布全身，种类繁多，十分沉重，不仅为了美观，更是财富的象征。所以，在隆重节庆之际，珞巴族女子均会全身装扮饰件。

珞巴族的发式因部落不同而多种多样。有的部落无论男女都留长发，梳于头顶，并插上一根竹签，有的部落头上盘辫或梳辫垂于肩后，有的部落剪短发，有的部落流行光头。关于帽饰，除了熊皮帽外，还有圆形礼帽、氆氇圆形帽等。有的部落在帽前两侧以野猪獠牙装饰，有的部落在帽身上插多根鸟翎装饰（图4-1~图4-3）。

图4-1　珞巴族毛织男服、女服（20世纪下半叶，西藏察隅），上海博物馆收藏，汤雨涵摄影

图4-2　珞巴族生活场景，北京服装学院民族服饰博物馆收藏，张琳佳摄影

图4-3 珞巴族彩绸氆氇女服上衣（20世纪70年代，西藏错那），中央民族大学民族博物馆收藏，张琳佳摄影

第二节 门巴族服饰

门巴族，长期与藏族杂居，现有人口约1万人。主要聚居于西藏南部的门隅地区，在错那、墨脱、林芝等地也有分布。信奉藏传佛教及原始宗教。

一、藏族风格及男子服饰

门巴族与藏族毗邻，与之杂居，且通婚，关系密切，沿用藏历，节日相同，习俗接近。其服饰呈现藏族风格。首先表现在服饰及日用品所用原料上，普遍使用氆氇制作。氆氇是藏族同胞用以制作衣服、坐垫等日用品的羊毛织物，其色彩绚丽，视觉醒目，种类丰富。

男子内穿右衽斜襟白布衣，外穿赭色或红色氆氇藏袍，但衣长较藏袍短小，最短款过腰，最长款过膝，有领、袖、扣，无口袋，衣摆处开衩。下着长裤，腰间习惯扎系红色氆氇腰带，该腰带宽约6米，长2米。腰间挂小刀、褡裢等游猎常用小物件，一把带鞘砍刀既可砍柴，也可防身，还成为装饰自身的特色饰物。受藏族服饰影响，门巴族男子还扎系银质腰带，喜爱戴银质或铜质手镯、耳环进行装饰。而生活在墨脱地区的门巴族男子，因受高温、潮湿的气候条件影响，多穿自织棉麻白袍，留长发、赤足，同样佩带腰刀、耳环等饰物。

二、吉祥如意之独特女服

披小牛皮是门隅地区勒布、邦金一带的门巴族妇女的一种独特装束。妇女们长期习惯在背上披一整块牛犊皮，也有披山羊皮的。牛犊皮的颈部朝上，尾部朝下。这一装束民间流传着多种传说。《阿拉卡教》神话中记载，在远古时，有一个魔鬼曾来到这里，降灾于世，当地人苦不堪言。后来，是天神把牛派到人间，牛奋勇与魔鬼激战，最终取得了胜利，是牛给当地门巴族人带来了幸福和安宁。为了纪念牛的功劳，门巴族妇女纷纷披起了小牛皮。还有一种说法，这一习俗是唐朝文成公主传下来的。当时文成公主入藏，为了辟妖邪，除了颈上挂着松耳石、红珊瑚、玛瑙等串成的项饰外，背上还披着一张牛皮。当她途径门隅时将所披的牛皮赐给了门巴族的妇女，从这以后，门巴族妇女们就模仿起她的样子，披起了牛羊皮。

有业内人士分析，门巴族之所以至今还保留着这一习俗，原因有三：一是民族习惯；二是她们居住的地区坡大路窄，人们又擅背不擅挑，背上披一张羊皮或牛皮作为背负时的垫物，很实用；三是门隅地区气候潮湿、寒冷，身披兽皮，可起到挡风、防潮、保温的作用。

门隅地区的妇女着藏袍，红、黑色居多。前围白色氆氇围裙，外套长坎肩。扎系色彩艳丽的宽长腰带，腰带上缝缀一圈银饰。其内衣色彩绚丽，无开襟、无领、无扣子，仅一领圈套口。门巴族妇女的装饰物件较多，与背披小牛皮一样，有吉祥如意之寄托，如佩戴镶嵌有绿松石、珊瑚等的银手镯、戒指、耳环，多条以红珊瑚、松耳石、玛瑙等串成的彩珠链等，都具有辟妖邪及吉祥寓意。受藏传佛教影响，门巴族女子还庄重地佩戴内装佛像及经卷的金属护身盒。墨脱地区妇女梳长辫，将发辫盘在头顶，编入红、黄、绿等色彩线进行装饰。

三、缺口小帽及舒适软靴

门巴族男女首服中最具特色的当属一种奇特的缺口小帽。这种小帽用黑色或深蓝色氆氇制成，帽檐为红橙色氆氇，帽檐前方剪裁有自然敞开的缺口，通常用暗蓝色或其他颜色缘边装饰。男帽的缺口部位在右眼上方，女帽的缺口部位偏后，习惯插孔雀翎装饰。在下檐处垂条穗。墨脱地区的男子则很少戴帽，蓄长发，天热和雨天均戴斗笠。

由于门隅地区坡大路窄，当地门巴族习惯穿长筒软靴，这种软靴以牛皮做底和鞋帮，厚度在3~5厘米，高度至膝下，结实耐磨、美观大方，且十分舒适，靴筒、靴面分别以红、黑两色氆氇搭配缝缀而成。有意思的是，靴筒外侧如同缺口小帽一样，留出一个约15厘米的缺口，以色布装饰缘边。也有近似藏靴的绣花毡靴或布靴。但在墨脱地区，由于气候炎热，门巴族多赤足（图4–4、图4–5）。

图4-4 门巴族生活场景，北京服装学院民族服饰博物馆收藏，翁东东摄影

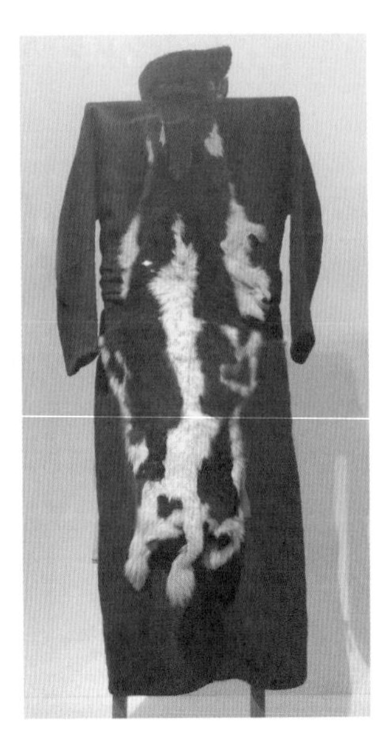

图4-5 门巴族披小牛皮氆氇女服，中央民族大学民族博物馆收藏，翁东东摄影

第三节 藏族服饰

藏族，历史悠久，其族源可追溯至新石器时代。现有人口约628万人，多信奉佛教。主要聚居于青藏高原，在甘肃、四川、青海、云南等地也多有分布。2006年5月20日，藏族邦典、卡垫织造技艺经国务院批准列入第一批国家级非物质文化遗产名录❶。同日，加牙藏族织毯技艺经国务院批准列入第一批国家级非物质文化遗产名录❷。2008年6月14日，西藏自治区措美县、林芝地区（现为林芝市）、普兰县、安多县、申扎县、青海省玉树藏族自治州、门源回族自治县的藏族服饰经国务院批准列入第二批国家级非物质文化遗产名录❸。2011年6月9日，藏族编织、挑花刺绣工艺经国务院批准列入第三批国家级非物质文化遗产名录❹。2014年11月11日，藏族服饰（青海省海南藏族自治州）经国务院批准列入第四批国家级非物质文化遗产名录❺。

藏族男女服饰共同特色在于性别差异不大、绚彩华丽、区域各异，款式为长袖、宽腰、

❶ 类别：传统手工技艺；编号：Ⅷ-21；申报地区：西藏自治区山南地区（现为山南市）、日喀则地区（现为日喀则市）。
❷ 类别：传统手工技艺；编号：Ⅷ-22；申报地区：青海省湟中县。
❸ 类别：民俗；编号：X-113；申报地区：西藏自治区措美县、林芝地区、普兰县、安多县、申扎县、青海省玉树藏族自治州、门源回族自治县。
❹ 类别：传统美术；编号：Ⅶ-106；申报地区：四川省阿坝藏族羌族自治州。
❺ 类别：民俗；编号：X-113；申报地区：青海省海南藏族自治州。

大襟，且男女老少都爱以饰件装扮自身，其装饰品有“浑身披挂”之形容。

一、英气豪放之男子服饰

藏族男子穿大领右衽长袍，较宽松肥大，通常以兽皮做里，呢或绸缎做面，边缘处兽皮翻出宽大毛边，也有以氆氇装饰衣缘的。下穿深色宽松长裤，袖子一般非常宽肥，最长可至大腿中部，扎系腰带，腰带采用色彩绚丽的绸缎或用毛线编织而成，腰带上或装饰有多个口袋，或雕琢佛像、花卉等纹样。在腰带上习惯挂腰扣、小匕首、火镰盒子、短刀、鼻烟壶、银筷筒等游猎小随件，还习惯挂一把腰刀，英气十足。受到高原气候的影响，一天中温度相差悬殊，藏族男女均有将右侧袖子在炎热的中午褪下的习惯，天气太热时，甚至将两袖全脱下，掖系在腰间。这样，上身就有了通风环境，而在早晚气温较低时，则将袖子穿好，确保温暖。藏袍内一般着长袖立领右衽短布衣，柔软而透气，部分地区的藏族男子不着内衣。

藏族男子习惯戴卷檐毡帽或锦缎皮帽，有一种卷檐皮帽很有特色，其帽檐向侧前方伸展上翘，不对称的设计，不但具有民族特色，还增添了一份时尚气息。

足服为硬底软帮长筒靴，款式多翘尖设计，为方便穿脱，靴腰后上方开口。材质采用皮或毡、毛呢、自织土布，氆氇拼接缝制而成。既舒适也美观。穿着时，将裤管扎紧塞入靴中，十分利落干练，便于骑射。靴面、靴帮讲究对称拼接装饰，镶缎面氆氇靴较为常见。

藏族男子胸前悬挂多串佛珠，男子习惯戴耳环、项链、手镯、戒指等饰品装扮自身。藏族男女注重装饰，穿戴饰品极其丰富，这与藏族长久以来过着游牧生活有关，他们随季节变化不断迁徙辗转，钱财购买大型物品不适合搬迁，就换成珍贵的饰品、贵重服饰，既可随身携带，方便游牧，又彰显富贵。这一服饰习俗传承至今，成为藏族服饰的主要特征之一。

二、典雅潇洒之女子服饰

藏族女子服饰典雅潇洒。通常穿斜领长袖绸缎长袍，也有呢、土布、皮毛等面料，秋冬通常在衣服底摆、领围、袖边最外围以宽毛边装饰，宽毛边内镶绲宽条纹贴补绣锦缎装饰。前围腰显示藏族女子的典型服饰特征，用料为氆氇，是藏族传统衣料中独具特色的面料，也常点缀在男女袍服的边缘处，如彩虹般错落有致的色彩呈细横线条有规律排列，视觉冲击力极强，在一些地区还成为确定女子婚否的标志，是藏族女服中标志性的符号。

女子头戴毡帽，或裹头巾，数量繁多的辫子里夹杂进各色彩线，非常灵动。如同男子一样，其腰间装饰有丰富多彩的银佩饰及劳作所需的挂奶钩等。佩饰种类丰富，搭配在颈部、胸部、腰部的佛珠、银牌、银链、银环等工艺最为精湛，除此之外，护身符、项链、耳环、手镯、戒指、簪子、发卡、发辫上的银币等饰件非常普遍。纯银、藏银最为常见，而玛瑙、牛骨、松石、珊瑚、蜜蜡、贝壳、三色铜等也是藏饰的主要原料，常镶嵌于各类佩饰之中。这些原料源于大自然的馈赠。而世界闻名的天珠乃藏饰之首，它以“神秘而神圣”著称。天珠为天然的玛瑙矿石，取自海拔4000米以上的喜马拉雅山脉，寓意吉祥，如三眼天珠寓意财源滚滚，龟纹寿珠寓意健康长寿，万字天珠寓意佛光普照。另外，饰物上雕琢的纹样，同样源于自然，体现了藏族人民的智慧和文化底蕴，如将日常生活中的动物、植物、吉祥物等刻画成纹样呈现在饰物中。还常呈现宗教文字、符号等（图4-6~图4-17）。

图4-6　藏族女子，云南民族博物馆收藏，章韵婷摄影

图4-7　藏族腰刀及佩饰，北京服装学院民族服饰博物馆收藏，柯德利摄影

图4-8　藏族护身佛（20世纪50年代，迪庆德钦）[1]，楚雄彝族自治州博物馆收藏，章韵婷摄影

[1] 茶马古道上有部分马夫是藏民，随身携带护身佛，在艰苦踏程中他们依然坚持自己的宗教信仰。

图4-9　藏族女盛装（20世纪上半叶，甘肃夏河），上海博物馆收藏，汤雨涵摄影

图4-10　藏族骑士服局部（迪庆德饮），云南民族博物馆收藏，章韵婷摄影

图4-11　藏族女盛装（云南香格里拉），云南民族博物馆收藏，章韵婷摄影

图4-12　镶缎面翘尖氆氇靴，中央民族大学民族博物馆收藏，柯德利摄影

图4-13　藏族彩绘漆高顶帽（清代，甘肃），上海博物馆收藏，张梅摄影

图4-14　藏族红缨毡帽及金花锦帽，北京服装学院民族博物馆收藏，柯德利摄影

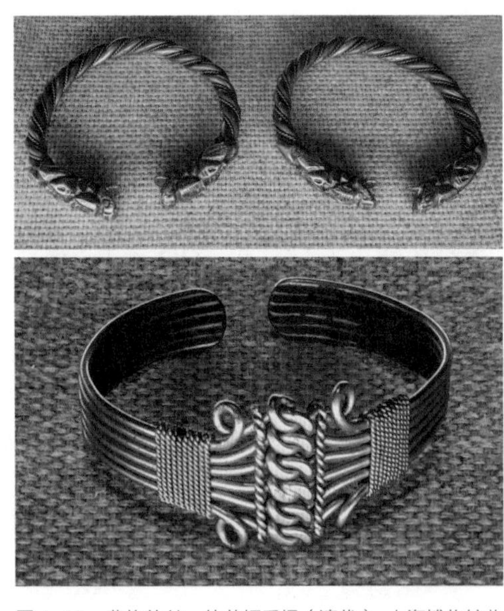

图4-15　藏族绞丝、绞花铜手镯（清代），上海博物馆收藏，王梦丹摄影

图4-16　藏族姑娘，北京服装学院民族服饰博物馆收藏，柯德利摄影

图4-17　藏族服饰形象（云南香格里拉），要彬、刘一诺摄影

思考与练习

1. 试述珞巴族男子首服特色。
2. 分析门巴族女子背披小牛皮的原因。
3. 试述藏族首饰的美感。
4. 试析藏族服饰特色及形成条件。
5. 任选服饰特色进行现代服饰设计。

基础理论

第五章　四川省与贵州省民族服饰

课题名称： 四川省与贵州省民族服饰

课题内容： 布依族服饰、侗族服饰、苗族服饰、羌族服饰、水族服饰、彝族服饰

课题时间： 4课时

教学目的： 本章主要讲述以上6个少数民族服饰中最具特色的内容。重点讲述刺绣、银饰、蜡染等民间技艺在服饰上的体现及其艺术特色。

教学要求： 1. 了解以上6个少数民族服饰的特点。

2. 自选角度进行服饰分析或专业写作。

3. 任选以上少数民族服饰特色进行现代服饰设计。

课前准备： 1. 了解四川省、贵州省的主要气候特色及以上6个少数民族的民间手工艺的主要特色。

2. 收集与整理以上少数民族与服饰相关的省级以上的非物质文化遗产名录。

第一节 布依族服饰

布依族，现有人口约287万人。主要聚居在黔南、黔西南的布依族、苗族自治州，以及安顺市、贵阳市。2014年11月11日，布依族服饰经国务院批准列入第四批国家级非物质文化遗产名录[1]。

一、手工技艺及美丽传说

布依族传统服饰面料大多采用自织自染的白土布或色织布。色织布种类非常丰富，呈现条格、梅花、鱼纹、辣子花等纹样。颜色多以青蓝作底，其上呈现白、红、蓝、黄等色花纹。布依锦亦远近闻名，多为蓝底白花，连锁式、曲线状、涡纹等纹样丰富，有一种工艺为反织正看，独具特色。

布依族服饰常融合多种手工技艺，如蜡染、扎染、刺绣、挑花等。布依族女子娴熟运用最为传统的蜡染技术，使用天然蜂蜡及蓝靛染布，自行裁剪缝制蜡染裙，其冰纹自然和谐，个性时尚，充分体现出该民族的民间智慧。在布依族手工技艺中，蜡染技艺独树一帜，别具特色。蜡染，是一种以蜂蜡绘图的传统印染工艺。是用帚形蜡刀蘸蜡将花纹图案画在白布上，染色后，水煮脱蜡即现出花纹。多为蓝底白花，也有红、黄、草绿、赭石等色。蜡染布料多用作衣裙、窗帘、坐垫、壁挂、台布等日用工艺品。

在布依族民间流传着一个关于“蜡染姑娘”的故事。在贵州安顺、镇宁布依族聚集地区，村寨里有一户王染匠。他的女儿染妹是个心灵手巧、本事高强的姑娘，不但会做农活，纺纱、织布、挑花、刺绣手艺更是超群。由于她的美丽和聪慧，远近闻名。一次，染妹和姐妹们在一起设想，如果衣着简朴的布依族女子能穿上像锦鸡羽毛一样漂亮的衣服就好了。染妹非常希望能实现这一梦想。奇怪的是，此后，每天早晨和傍晚，总会飞来一只五颜六色的锦鸡，对着染妹的窗口唱歌。染妹高兴极了，悄悄地烧香祈求锦鸡神能下凡，在染妹真心实意地祈求下，终于感动了锦鸡，变成了一位仙姑从天而降，飘落在染妹身边。原来这只锦鸡是天上七仙女的化身，她在人间巡游，看到布依族姑娘穿着朴素，淳厚善良，又见染妹聪慧，便很愿意下凡在此传授制作各种衣裙的手艺。通过锦鸡仙女的指点，染妹很快就学会了利用蜂蜡制成蜡染布的全过程。用这种布缝制成的衣裙，穿在身上，就像锦鸡

[1] 类别：民俗；编号：X-157；申报地区：贵州省。

仙女一样美丽。仙女十分满意，又变成锦鸡飞到树林里了。此后，染妹把仙女教给她的手艺全部传授给了布依族姐妹们。大家都称染妹为“蜡染姑娘”。如今，传统的蜡染工艺有了进一步的发展，成为畅销国内外的独特工艺品。

布依族女子习惯将亲自织造、裁制、刺绣的布匹、衣服、帕巾、鞋子等作为信物赠送给恋人。而每逢喜庆佳节，布依族姑娘们常常举行手工技艺展示及交流，接受族人点评。形成节日中一道亮丽的风景。

二、独具个性之日常服饰

布依族男女服饰色彩清爽干净，蓝、青、白三色最为常见。男子着对襟短上衣或大襟长衫、宽松长裤，头裹包头巾，各区域款式变化不大，与毗邻侗族、苗族男子服饰差别也不大。老年人习惯着大襟短衣或长衫。

布依族女子服饰因生活地区不同而各具特征。

特征一：居住在扁担山附近，以及镇宁、安西区域的布依族女子着大襟无扣短衣，以衣带扎系，通常底色为黑，在袖口、底摆、前襟、领口、肩部等处缀缝织锦或蜡染纹样及装饰花边。下着蜡染工艺的百褶长裙，腰间扎系黑色围腰，边缘镶花边装饰。少女发式独特，首先在头上裹戴方形织锦花帕，借用假发、青丝，提升头发容量和质感，与头发合编成辫子与花帕缠绕，右侧诸多丝线及各式小花装点。而女子在婚后，头上一定要戴一种帽——“假壳”。其内架为竹笋壳，形状如簸箕，以青布扎结，外覆花帕。

特征二：居住在募役、江龙地区的布依族女子着青色紧身斜襟短衣，下着蜡染工艺百褶长裙，普遍应用白底蓝花。腰间系青布围腰，围腰上为五色锦绣花纹。该地区局部区域也有穿大襟长衫、系白色腰带，其上复扎绿色布带短围腰的。少女婚前辫发，婚后梳髻插簪。

特征三：居住在云南罗平县的布依族女子，其老年服饰更能体现其民族特色，当地老年妇女多以蓝色包布缠头，上身着青色无领对襟宽袖短衣，在衣服的接缝处及边缘部位以绣花或绲边点缀。下着百褶长裙，墨蓝色居多。腰间扎系青布围腰或绣花围裙，其鞋多为满绣装饰，造型多为翘尖状。其服饰形象充分体现了其纺织、印染、挑花、刺绣技艺的娴熟。而当地中年妇女多以白毛巾包头，上身通常着大襟衣，左衽、有领。沿衣衽镶嵌两三条彩布边，银纽扣既起到实用功能，也能达到装饰作用。下着长裤，足蹬布鞋，鞋尖处刺绣花卉。另外，未婚姑娘喜欢在包头巾上刺绣颜色艳丽的纹样。每逢喜庆佳节，该地区妇女通常佩戴银饰装扮自身，如项圈、发坠、手镯、戒指、耳环等。

特征四：居住在贵州独山、福泉、都匀等地区的布依族妇女，与汉族服饰的融合较多，尤其在老人服饰上表现尤为显著，似民国初年汉族妇女服饰。

三、牛角形状之包头巾帕

在黔西南贞丰一带的布依族妇女，将头巾包成牛角形状。可见，这一民族对牛有着特殊的感情。的确如此，当地流传了不少有关耕牛的传说故事，其中有一则很古老的传说：很久以前的一个炎热夏日，这里的布依族由平坝迁往山区的路途中，没有水喝，就在人们难以忍受干渴之时，看到一头白牛在树荫下吃草。大家很惊喜，因为根据劳动经验，只要有牛吃草，附近必有水源。果然他们在牛的启发下找到了水，解决了路途上最大的困难。这以后，人们为了感念那头使大家从干渴中得救的白牛，就把头巾包成牛角的形状（图5-1~图5-7）。

图5-1　布依族女子，云南民族博物馆收藏，章韵婷摄影

图5-2　布依族蜡染女服，上海博物馆收藏，郑卓摄影

图5-3　布依族绣花贴边蜡染涡旋纹女服（20世纪80年代，贵州镇宁），中央民族大学民族博物馆收藏，张梦晗摄影

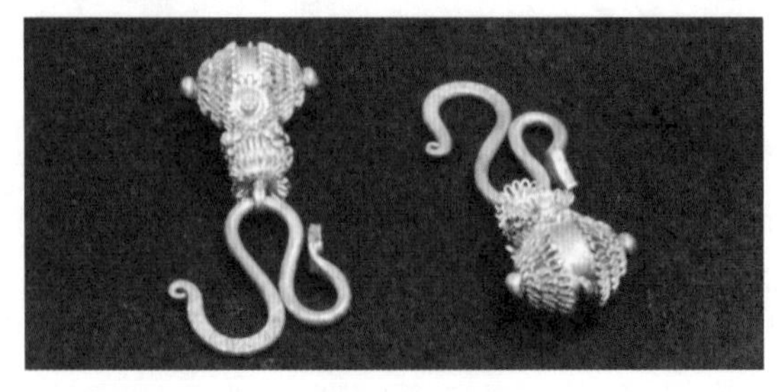

图5-4　布依族蛇形银耳饰（20世纪早中期，贵州惠水），北京服装学院民族服饰博物馆收藏，张梦晗摄影

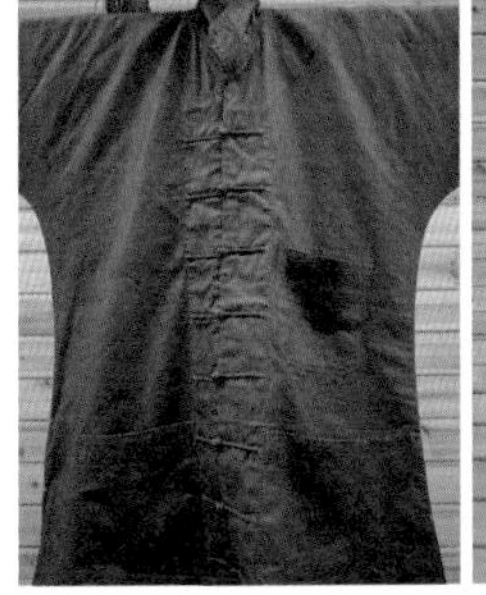
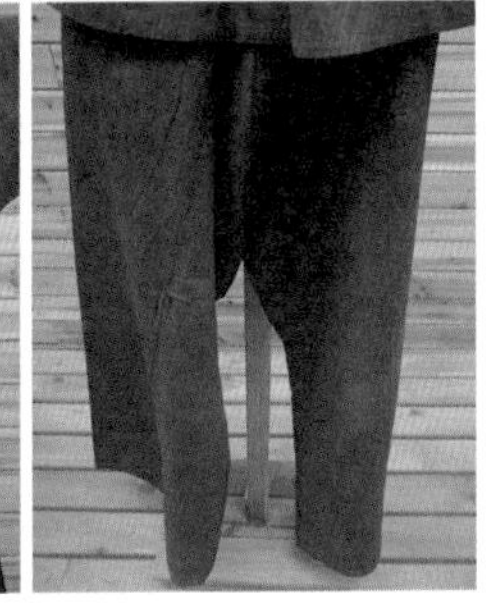

图5-5　布依族亮布男服（罗平县），云南民族博物馆收藏，章韵婷摄影

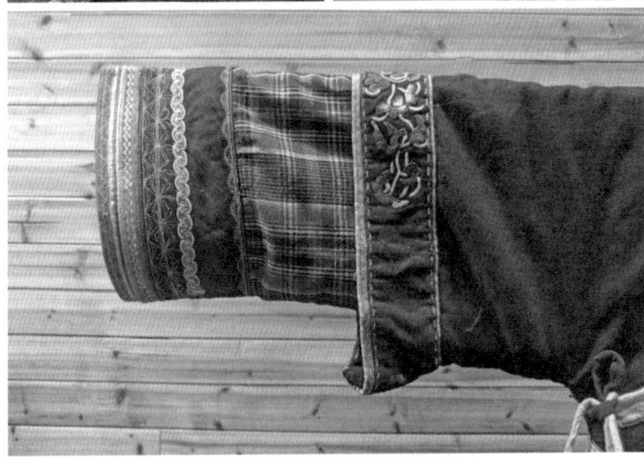

图5-6　布依族亮布绣花女服，云南民族博物馆收藏，章韵婷摄影

图5-7　布依族绣花鞋，云南民族博物馆收藏，章韵婷摄影

第二节　侗族服饰

侗族，其历史悠久，现有人口约288万人，主要聚居在贵州、湖南、广西三省相毗连区域及湖北西部。通常将居住于长江水系一带的侗族称之为“北部侗族区”，居住在珠江水系一带的侗族称之为“南部侗族区”。2008年6月14日，侗锦织造技艺经国务院批准列入第二批国家级非物质文化遗产名录❶。2011年6月9日，侗族刺绣经国务院批准列入第三批国家级非物质文化遗产名录❷。2014年11月11日，侗族服饰经国务院批准列入第四批国家级非物质文化遗产名录❸。

一、南北各异之服饰特色

男子服饰与毗邻汉族、苗族等民族服饰几近相似。款式为包头、对襟短衣、无纽扣坎肩、长裤、裹腿等。而女子服饰却具有自身特色，因居住地区及生活习惯的不同，侗族女子服饰呈现南北各异的特征，分为北部类型、南部类型。女子发式及佩饰也别具一格。

北部类型：交通便利，经济、文化相对发达的锦屏、天柱等地属于北部地区，其服饰属北部类型。但女子服饰仍然多保持传统式样，尤其盛装更是原汁原味地体现传统服饰特色，如锦屏县的平秋地区，侗族女子的勤劳智慧在其服饰所用面料上表现得淋漓尽致，完全自给自足。棉花种植→纺纱织布→种植蓝靛→手工印染→织造刺绣→裁剪缝制，每个环节均为当地侗族女子的劳动成果。由于使用天然蓝靛为染料，故外衣、裤子多为青色，衣长至大腿中部，内层衣服色彩缘边显露，斜襟圆领，有扣，披彩色绲边托肩，齐手长袖，袖口镶花边装饰。腰间扎彩带，背后飘带幛两条。足服为翘尖绣花布鞋。

平秋一带侗族女子佩饰尤为丰富，耳部坠有金环或银环，前身银扣对称排列，颈部佩戴五环大小不一的银项圈，最大一环直径至肩部，再搭配各色小项饰。手腕处佩戴银花镯、四方镯等。

南部类型：南部地区的侗族居住地山多路陡，水陆交通均不便，其服饰别具特色。正是因为交通的不便利，与外界交流甚少，使得传统服饰得以保留。女子长衫短裙，袖长较短、对襟无扣，两襟中间露出里层绣花兜肚。在侗族，有“南侗善绣”之说，在襟摆、袖口、背部、兜带、胸衣等部位绣花装饰。盛装中的百鸟衣、牯脏衣、月亮衣、银朝衣等无不绣工精美，在衣襟及袖口处镶缝马尾绣片，绣技独特而精湛，色彩绚丽而和谐，纹样吉

❶ 类别：传统手工技艺；编号：Ⅷ-104；申报地区：湖南省通道侗族自治县。
❷ 类别：传统美术；编号：Ⅶ-107；申报地区：贵州省锦屏县。
❸ 类别：民俗；编号：X-158；申报地区：贵州省黔东南苗族侗族自治州。

祥而朴实。下身着及膝百褶裙，小腿裹缠。足服多为翘尖绣花鞋，侗族姑娘一生中会绣缝很多双绣花鞋，每一双都非常讲究，出嫁时要备足六七十双带到夫家。颈部佩戴多层银项圈，服饰还包括耳坠、手镯、腰带、腰围等。

侗族女子讲究发式，少女及婚后女子均以其乌黑亮丽的秀发、千姿百态的发髻、丰富多彩的银饰、鲜花、彩穗等为美，并形成了自身特色，令人称赞。甚至有学者认为，侗族女子的发式是诸多少数民族中最美的。居住在平秋一带的侗族女子留长发，以红绳系扎，并包黑色巾帕。头上装饰丰富，以银为主，包括头冠、盘花、簪子、梳子。居住在从江一带的侗族女子梳发髻，有的发髻还绾在头顶左侧，呈现均衡之美。以装饰丰富而著称。其发髻之上插饰银梳或木梳，搭配色彩艳丽的彩珠及各种精美的小银饰或多枚珍珠，还有以鲜花点缀发髻的习惯。居住在黎平一带的侗族女子头上的银冠装饰尤具特色，银冠的形状也是丰富多彩，如蝴蝶形、鱼形、银币形等，均寓意吉祥如意。为增加装饰效果，也有在银冠旁边插多彩羽毛的。居住在肇兴一带的侗族少女则将秀发蓬松地盘梳于头侧，以银饰装点，发箍多为麻花形，在银饰上习惯镶嵌红宝石，也喜欢以鲜花点缀。居住在镇远报京一带的侗族女子的银冠上布满了精美小巧的银花，别具特色。居住在黎平及锦屏连接处一带的侗族女子流行盘髻，包扎三角状头巾。居住在天柱、锦屏一带的侗族女子婚前婚后发式不同，婚前少女梳长辫，并盘于头顶，以鲜花、银链、彩穗装饰，而婚后女子绾髻，以长布帕缠头。

二、崇拜意蕴之侗族服饰

侗族人信仰多神，相信“万物有灵”之说，侗族人崇拜的对象非常多，认为无论神话传说中的龙凤，还是自然界中的花鸟鱼虫、河流山川、古树岩石等都具有灵气，都具有驱邪避害的功能。因此，在侗族服饰中，尤其在服饰图案上，自然会呈现出多种崇拜意蕴。这个农耕民族在长期的生产实践中对自然界中的鱼、山、水、田、太阳、天空、雷电、谷种、树木等与稻耕有关的纹样，充满了感情和敬畏，将其绣于身上，以此祈求平安和风调雨顺。银饰品亦纹样精细，古朴而繁杂，有些地域的侗族女子还佩戴多条银链和一把银锁，所有银饰熠熠闪烁，声音悦耳动听，以镇魔压邪。他们坚信这样是可以得到神灵的庇护和保佑的。这一崇拜习俗流传至今。

在侗族服饰图案及服饰款式、锦缎、色彩中，均可以找到其自然崇拜的根源，如谷种崇拜衍生为谷粒纹。鱼崇拜衍生为菱形纹、三角纹、鱼骨纹等。蛇崇拜衍生为螺旋纹。山崇拜衍生为齿形纹等。水崇拜衍生为水波纹、旋涡纹等。龙及太阳崇拜衍生为龙图腾圆圈纹。天崇拜、雷崇拜衍生为云雷纹。动物崇拜衍生为童帽上的动物头造型。牛崇拜衍生为局部地区的妇女头上的牛角状巾帕。

侗族的侗锦历史久远，远近闻名，广泛应用于民族服饰、头巾、床毯、被面等。在侗锦服饰及日用品中，常常出现多人手拉手歌舞的造型纹样，这一纹样源于祖先崇拜，是对侗族民众祭祖时，一二百人手牵手歌舞，且有乐手吹笙伴奏的真实场景的再现。通常以两种彩色细纱线交织而成。在传统祭祖仪式上，男女老少肩上披挂侗锦，不但色彩鲜艳、壮观，更有感念祖先之意。在侗族民间，平纹布、斜纹布、花椒眼布等都能体现民众的勤劳和智慧，而加入蛋清反复捶打而成的闪光“蛋布”或称“亮布”应用非常普遍（图5-8~图5-18）。

图5-8 侗族老人，黔东南黄岗侗寨，刘文摄影

图5-9 侗族蛋布（亮布）及染色老人，黔东南黄岗侗寨，刘文摄影

图5-10 侗族绸面绣花童装（20世纪90年代，贵州），中央民族大学民族博物馆收藏，陈夏越摄影

图5-11 侗族女子的劳作场景，黔东南州民族博物馆收藏，仇德素摄影

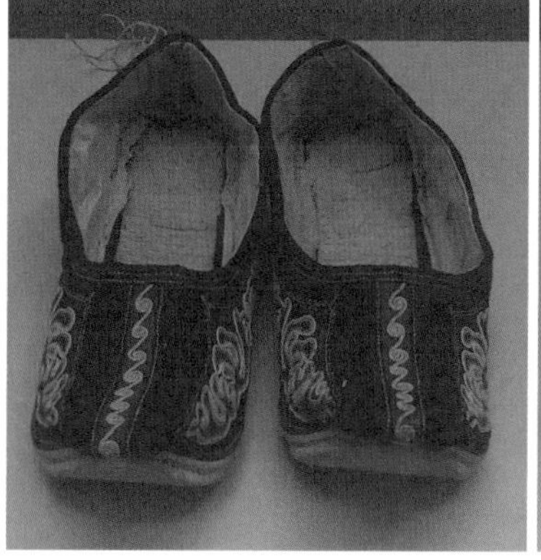

图5-12 侗族花鞋（20世纪早中期，贵州黎平），北京服装学院民族服饰，任晓妍摄影

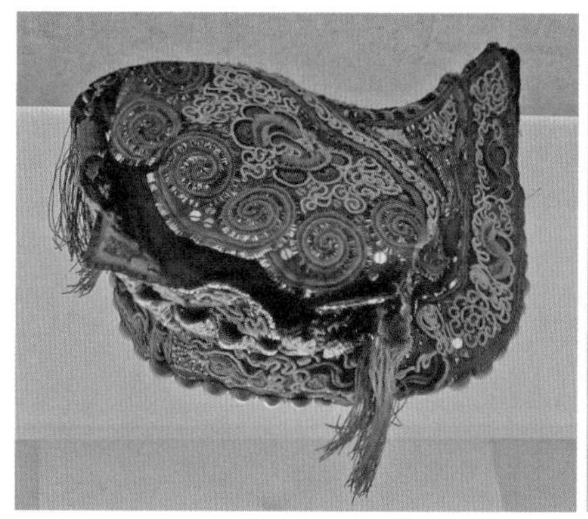

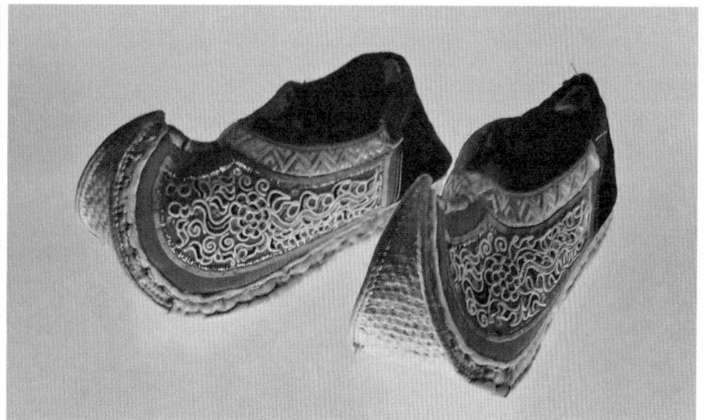

图5-13 侗族轴绣云龙纹童帽及凤舄（20世纪下半叶，贵州黎平），上海博物馆收藏，汤雨涵摄影

图5-14　侗族绣花鞋，柳州博物馆收藏，李金莲摄影

图5-15　侗族银背扣（20世纪早期，贵州从江），北京服装学院民族服饰博物馆收藏，陈夏越摄影

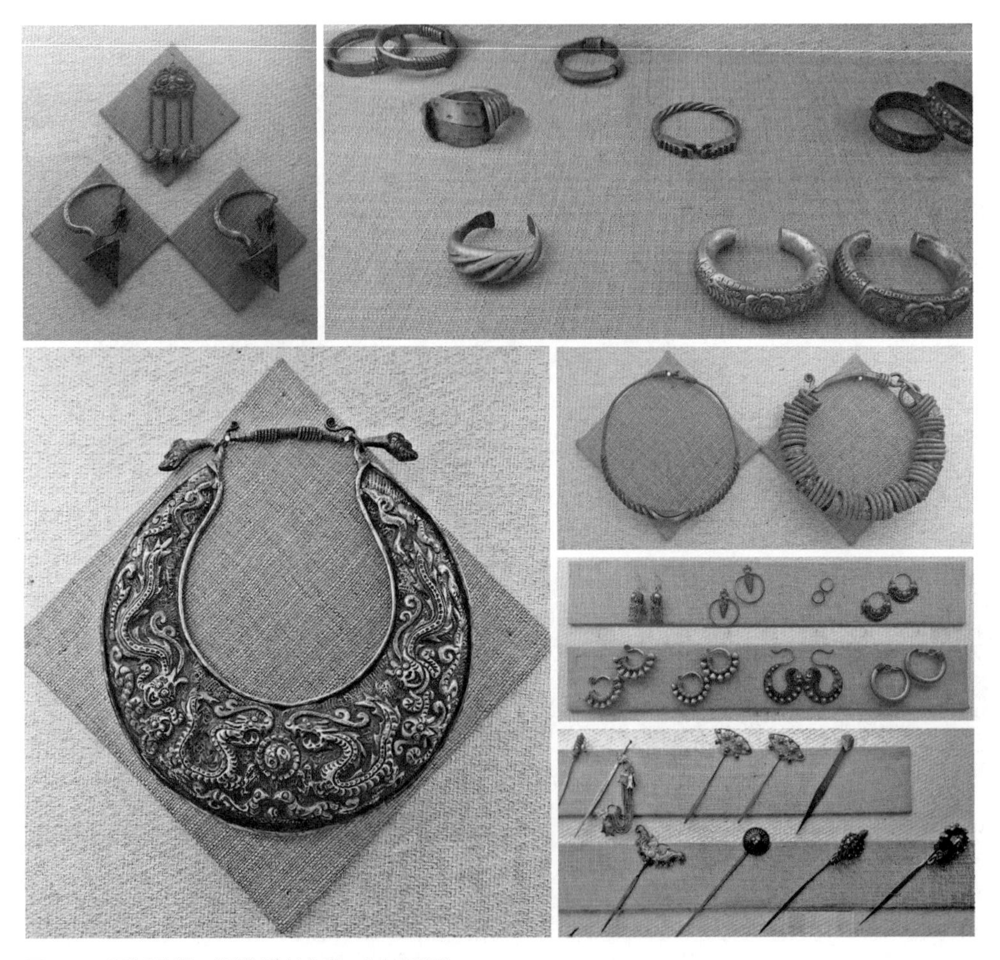

图5-16　侗族银首饰，柳州博物馆收藏，李金莲摄影

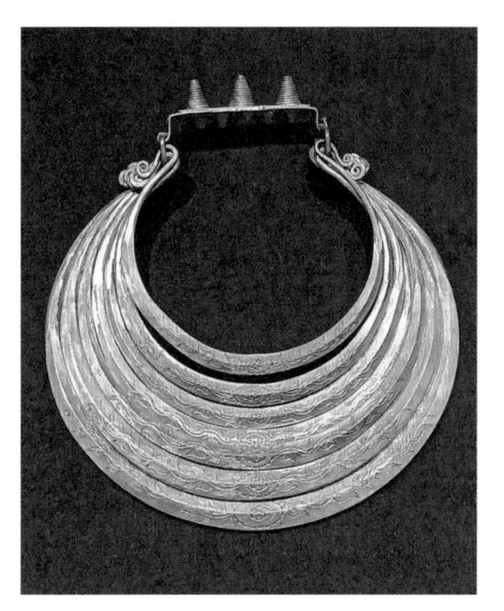

图5-17　侗族錾花银项圈（20世纪中期，贵州从江），北京服装学院民族服饰博物馆收藏，陈夏越摄影

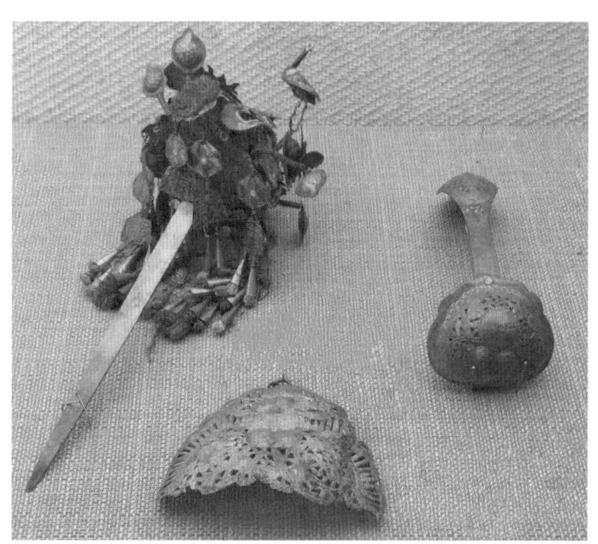

图5-18　侗族银发髻饰，柳州博物馆收藏，李金莲摄影

第三节　苗族服饰

苗族，是中国人口较多的少数民族，是中国最古老的少数民族之一，也是最早定居的民族之一。现有人口约942万人。居住较为分散，在贵州、四川、云南、广西、广东等地分布较广。2006年5月20日，苗族服饰经国务院批准列入第一批国家级非物质文化遗产名录[1]。同日，苗族银饰锻制技艺经国务院批准列入第一批国家级非物质文化遗产名录[2]。同日，苗族蜡染技艺经国务院批准列入第一批国家级非物质文化遗产名录[3]。同日，苗绣经国务院批准列入第一批国家级非物质文化遗产名录[4]。2008年6月14日，苗族服饰经国务院批准列入第二批国家级非物质文化遗产名录[5]。同日，苗族织锦技艺经国务院批准列入第二批国家级非物质文化遗产名录[6]。2011年6月9日，苗绣经国务院批准列入第三批国家级非物质文化遗产扩展名录[7]。同日，苗族挑花经国务院批准列入第三批国家级非物质文化遗

[1] 类别：民俗；编号：X-65；申报地区：云南省保山市。
[2] 类别：传统手工技艺；编号：Ⅷ-40；申报地区：贵州省雷山县湖南省凤凰县。
[3] 类别：传统手工技艺；编号：Ⅷ-25；申报地区：贵州省丹寨县。
[4] 类别：传统手工技艺；编号：Ⅶ-22；申报地区：贵州省雷山县、贵阳市、剑河县。
[5] 类别：民俗；编号：X-65；申报地区：湖南省湘西土家族苗族自治、贵州省桐梓县、安顺市西秀区关岭布依族苗族自治县、纳雍县、剑河县、台江县、榕江县、六盘水市六枝特区、丹寨县。
[6] 类别：传统手工技艺；编号：Ⅷ-105；申报地区：贵州省麻江县、雷山县。
[7] 类别：传统美术；编号：Ⅶ-22；申报地区：贵州省台江县。

产扩展名录[1]。同日，苗族织锦技艺经国务院批准列入第三批国家级非物质文化遗产扩展名录[2]。

一、支系众多及典型裙装

受历史、经济、环境、习惯、审美等因素影响，同为苗族，差异较大。清《黔苗图说》绘制了82种式样的苗族服饰，据学界不同学者调查认为，苗族服饰有几十种或百余种。虽至今仍无定论，但却说明了苗族支系众多，服饰种类丰富且纷繁复杂。

如果按居住地域区分，苗族服饰可归为以下五类：湘西型、黔东型、川黔滇型、黔中南型、海南型。根据年龄、性别、婚姻等不同，也有所不同。根据服饰色调亦可区分不同支系的服饰，如"黑苗""白苗""汉苗""花苗"等。根据服饰的长短又可区分不同村寨，如"短裙苗寨""长裙苗寨"等。苗族服饰素有"好五色衣裳"之历史评价，其衣裙款式纷繁复杂，刺绣纹样变幻无穷，全身银饰精美绝伦，但是，苗族人却可依服饰辨别其族群。

苗族女子通常多见短款上衣，下多着短裙或长裙，少见着裤者。很多地区的妇女都喜欢穿各式各样的百褶裙。苗族女子的百褶裙其褶皱数量惊人，多达500多道，而且其层数丰厚，最多可达三四十层。传说，苗族妇女古时所穿的裙子与汉族一样，无特殊标志，有一家苗族母女立志要为本族妇女缝制一种有特色的裙子。她们绞尽了脑汁，后来偶见山坡上五颜六色的青杠菌而茅塞顿开，便按着青杠菌的褶子做成了百褶裙，苗族女子均拍手称赞，纷纷效仿。这种特色独具的裙子很快传遍各个苗寨，后来，据说是为了便于族内区分，那些住在高坡上的人，为了爬坡方便，就把裙子做短了；那些住平地的，裙子长一些；那些住在半山腰的，就穿长不长，短不短的裙子。而且各有一种花色。现今苗族的各种服饰和打扮，相传就是从那时开始的。

二、壮观瑰丽之华丽银饰

苗族女子盛装银饰历史悠久，精美绝伦、琳琅满目。在中国少数民族服饰中地位显赫，堪称中华民族服饰之最。在苗族服饰中，银饰不限于修饰，其地位与主服同等重要。据相关统计结果显示，其银饰品种多达170余种。就算在同一支系内，其银饰的款式也不一样，纹样更是"行走的文字"，丰富多彩，千差万别。加之奇美造型、精巧工艺，展现了一个壮观而瑰丽的世界，也展现了其精神世界的丰富。

[1] 类别：传统美术；编号：Ⅶ-25；申报地区：湖南省泸溪县。
[2] 类别：传统技艺；编号：Ⅷ-105；申报地区：贵州省台江县、凯里市。

苗族人对银饰的偏爱程度可以用无与伦比来形容，认为银饰不仅美观，且可以辟邪，还具有祛除体内毒素的作用。苗族女子银饰装饰部位可以说从头到脚，遍布全身，即便是小女孩也同样隆重，如头部主要有凤冠、双角、飘头排、高帽、顶花、网链、插针、头簪、垂珠、花梳、耳环等。胸颈部银饰主要有大型项圈、胸牌、锁、压领、吊饰、珠穗等。腰饰主要有腰带、吊坠等。前衣饰主要有衣片、围腰链、扣子等，背饰主要有背吊、背牌等。手饰主要有手镯、戒指等。足饰主要有镯子、链条等。

每逢重大节日，苗族女子便穿起数公斤重的盛装，银光闪烁，别具风韵。她们习惯头顶挽髻，以精致美观的各色银花冠装饰。其上插银片、银翘等，也有插银牛角的，牛角最高可达1米左右，十分壮观。在银冠下缘装饰银花带，下坠小银花。颈部所戴银项圈以层数多而美，以银片、银环制作而成。主服前片、后背戴披风，底摆处缀满小银铃等装饰。有的连袖口也镶嵌有一圈宽银饰。苗族银饰工艺精湛、巧夺天工，有“花衣银装赛天仙”之美称。充分展示了苗族人民的智慧和才干。

三、巧拙刺绣及特色蜡染

苗族女子的盛装除了银饰遍布全身之外，其巧拙刺绣及特色蜡染亦令人眼花缭乱，驰名海内外。其全身服装通常以黑为底，其上以多种手法进行装饰，如刺绣、编织、挑花、蜡染等，尤以刺绣及蜡染最具特色。据相关学者统计，苗族的刺绣技法最常用的有12种，最常见的有平绣、打籽、挑花等。刺绣主要应用于头巾、佩饰、胸兜、襟缘、肩部、后背、底摆、围腰、腰带、袖腰、袖口、裙片、裹腿、鞋子等。

苗族的刺绣纹样与其生活环境及大自然息息相关，如花鸟鱼虫、云朵彩霞、山川溪流，又如民间传说等，多以吉祥纹样的形式呈现。其造型巧拙，五彩斑斓，美不胜收。

在贵州苗族聚居地，诸多苗族支系均将古老的蜡染工艺流传至今。不同方言区对蜡染的称呼有别。各地的蜡染风格迥异。相关学者将贵州苗族蜡染划分为不同类型及不同风格，有十种类型。分别为麻江型、安顺型、重安江型、六枝型、榕江型、黔西型、梭嘎型、丹寨型、从江型、织金型。贵州苗族古老的蜡染具有多种风格特征，如原始质朴、古朴精美、纤巧细密、秀丽工整、豪健奇巧、神秘典雅、繁复精细、流畅抽象、素雅简洁、生动饱满等。

总之，苗族精美绝伦的服饰表现了苗族人的勤劳与聪慧，承载着苗族特有的文化内涵，寄托着苗族人对美好生活的向往与追求。为中国服饰画卷增添了耀眼的光芒（图5–19~图5–37）。

图5-19 苗族剪贴绣女服（凤庆县），云南民族博物馆收藏，章韵婷摄影

图5-20 苗族女盛装（20世纪下半叶，贵州安顺），上海博物馆收藏，汤雨涵摄影

图5-21 苗族挑花女盛装（文山），云南民族博物馆收藏，章韵婷摄影

图5-22 苗族鼓藏节，黔东南州民族博物馆，仇德素摄影

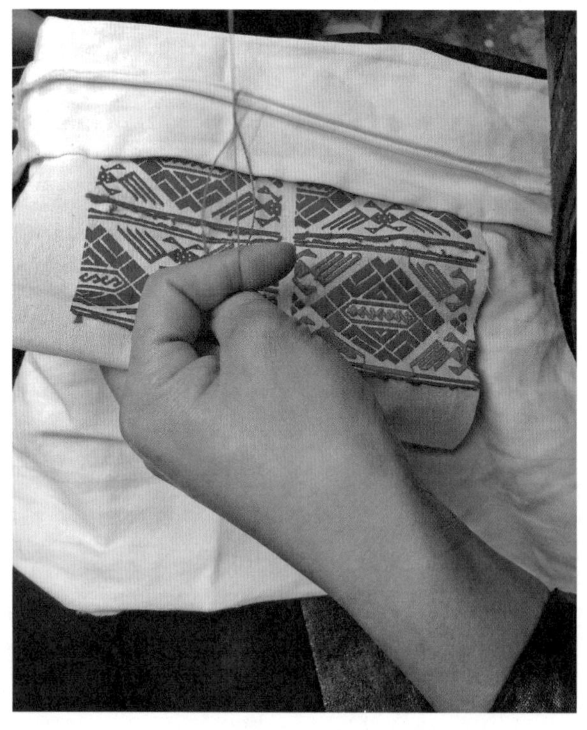
图5-23 苗族红绣，凯里剑河革东镇红绣工作室，庄雪芳摄影

图5-24　苗族服饰，凯里民族文化宫收藏，庄雪芳摄影

图5-25　苗族刺绣，九福堂苗族博物馆收藏，向虹霞摄影

图5-26　苗族花织带，黔东南州民族博物馆，仇德素摄影

图5-27

图5-27 黔东南大塘短裙苗寨服饰形象，郭友南、刘文摄影

图5-28 黔东南朗德长裙苗寨服饰形象，郭友南、刘文摄影

图5-29 苗族银帽，凯里民族文化宫，庄雪芳摄影

图5-30 朗德苗寨服饰刺绣局部，郭友南、刘文摄影

图5-31 苗族娃，贵州郎德，刘文摄影

图5-32 黔东南台江姊妹节，郭友南、徐慧明摄影

图5-33 苗族蜡染（局部），黔东南州民族博物馆收藏，仇德素摄影

图5-34　黔东南俳家寨特色蜡染服饰，郭友南摄影

图5-35　黔东南俳家寨服饰调研，刘文摄影

图5-36　黔东南岜沙苗寨男子服饰形象，刘文摄影

图5-37　三角缀及九角缀顶童帽，黔东南州民族博物馆收藏，仇德素摄影

第四节　羌族服饰

羌族，历史悠久，早在殷商出土的甲骨文就有对羌族的记载。现有人口约30万人。主要在山区聚居，如四川省阿坝藏族自治州的茂县、理县、黑水县、松潘县，甘孜藏族自治州的丹巴及绵阳地区的北川县等。散居于城镇的羌族与汉、回、藏等族杂居、交融。信奉

原始拜物教，认为万物有灵。特别重视祭祀等仪式。2008年6月14日，羌族刺绣经国务院批准列入第二批国家级非物质文化遗产名录[1]。

一、西戎牧羊之男女服饰

羌族人自古以畜牧为生，有“西戎牧羊人”之称，最为古老的羌族服饰中，男女均有“披毡”习惯。其男女服饰差别不大，都具有游牧风格。男女皆着长袍，腰间以腰带系扎，习惯在腰带上佩挂嵌有珊瑚的火镰和刀。女袍较男袍略长，及踝处，且下摆为裙状，红色多见，下着裤，多以布裹腿。男子以布包头，通常缠绕头围而裹成，也有另外一种包裹形式，即在头部前方包裹成层层叠叠的人字形，很有立体感。女子的发饰通常也为将发辫与头巾融合的造型。女子服饰较男子服饰多绣花装饰，在领边、袖口、坎肩、袍边、腰带、裤脚、巾帕、鞋子等处均有挑绣花纹装饰，其造型朴拙、色彩艳丽。挑绣的纹样多取材于生产生活实践中的动物、植物，如狮、鹿、兔、鸟、鱼、团花等，领部多镶梅花形纹饰，其造型生动活泼，内容寓意吉祥，挑花技艺娴熟。

羌族服饰中最具有标志性特征的是男女皆穿羊皮坎肩，毛面为里，光板皮面朝外，也有在光板皮面外附面料的，坎肩外表可见袖窿、领圈、襟摆露出整齐的羊毛边，肩头缘边处缝绣有线迹装饰，前襟敞开，穿着随意而舒适，极具原始感和牧羊特征。

二、羌族女鞋之吉祥寓意

羌族女鞋中有一种绣有两朵荞麦花的鞋，一般会在喜庆佳节时穿着。传说在四川茂县、汶川一带有一对小夫妻，平日里过着男子打猎，女子纺织的日子。突然有一天，丈夫要应征去当兵打仗，可此时恰逢妻子怀孕。二人依依不舍，洒泪而别。在分别的路上，丈夫看到路旁有一窝刚出土的荞麦快要干死了，就让妻子将其带回，并且说：“你把它栽种在院墙内，像爱护我们的孩子一样照看它，等这荞麦开花之时，我就回来了。”妻子回家后，将这窝荞麦栽到一只碗里，精心看护。慢慢地，荞麦返青了，长高了，当荞麦快分枝时，妻子生下了个胖小子。三个月后荞麦花开了。一日，她将娃娃放在家门口的箩筐里晒太阳，自己在不远处干活。突然飞来一只岩鹰叼走了孩子。妻子慌忙中奔过来，一不小心将荞麦碗碰翻，荞花掉到了她的鞋子上。她仍不顾一切地追着老鹰，跑着跑着，只感到自己脚下轻飘飘的，低头一看，见落在脚上的荞麦花像鸟的翅膀一样在煽动。没一会儿，她已经飞过了云层，并很快撵上岩鹰，夺回娃娃。当他抱着儿子回家时，丈夫刚好踏入家门。一家人

[1] 类别：传统美术；编号：Ⅶ–76；申报地区：四川省汶川县。

终于团聚了。后来，羌族女子便在自己的鞋上精心地绣上两朵荞麦花，不但好看，而且有吉祥之意。

而“云云鞋”亦是羌族人逢年过节穿的布鞋，鞋底厚实，针脚密集，外形似船，鞋尖翘起，鞋帮上刺绣生动鲜活的多彩云纹和杜鹃花纹。民间多称之为“云云鞋”。在羌族民间流传着很多关于“云云鞋”的神话传说。相传久远以前，一位美丽的鲤鱼仙女爱上了一位牧羊少年，见少年整日赤脚，十分心疼，便以彩色云朵及美丽的杜鹃花为纹样，刺绣而成一双漂亮的鞋送给牧羊少年。最终，两人牵手相爱，幸福地生活在一起。于是，“云云鞋”也就成了羌族的定情信物，至今仍有流传。

从“荞麦花鞋”及“云云鞋”可以看出，羌族人民将生活中的花草、云朵、鸟兽等视为自然崇拜的对象，并寓意了吉祥和美好，使之神圣化。体现了羌族人民感恩大自然的情怀及万物有灵的观念，同时提升了艺术创造的内涵，以服饰之美寄托吉祥美好之寓意，表达了羌族人民对生活、对大自然的热爱，以及对美好生活的向往。

三、手镯寓意及各色饰物

在四川北川一带流传着一个关于手镯来源的传说。很久以前，有一个寡妇与婆婆相依为命。因为家中穷得经常无法维持温饱，婆婆多次劝儿媳妇再找户人家嫁了，可儿媳妇怎么也不肯。婆婆也没办法了。几日后，媳妇到一户富人家帮工煮饭。孝顺的她总是把主人家给她的饭拿回家给婆婆吃，自己却偷着吃些主人家潲桶里的东西。一日，雷雨交加，她以为是因为自己对婆婆孝敬不够，没能让婆婆过上好日子，老天在惩罚自己，便马上跪在地上，高举双手，叫雷把自己抓去。一会儿，雷停雨住，她的手上却多了两个圈圈。此事传开后，人们都认为是因为媳妇孝敬，老天才会赐手镯给她。此后，本地女子都开始戴手镯了，用以表示自己是孝敬老人的女子。

图5-38　羌族印花缎绣花镶边带云肩女服（20世纪80年代，四川茂县），中央民族大学民族博物馆收藏，章意若摄影

在羌族女子的饰物中，除了手镯，还有耳环、簪子、戒指、银牌等，以银质居多。耳环以大为尚，有的干脆成圆圈状。出于劳作及生活需要，羌族妇女腰间常挂坠一个银质针线盒，男子则佩一个银质烟盒，这针线盒及烟盒不但实用，且起到美化作用。羌族女子的饰物，除银质外，还有珊瑚、玉等材质。在羌族民间，佩戴饰物越多，表示经济越富足，各色饰物即成为财富的象征（图5-38~图5-41）。

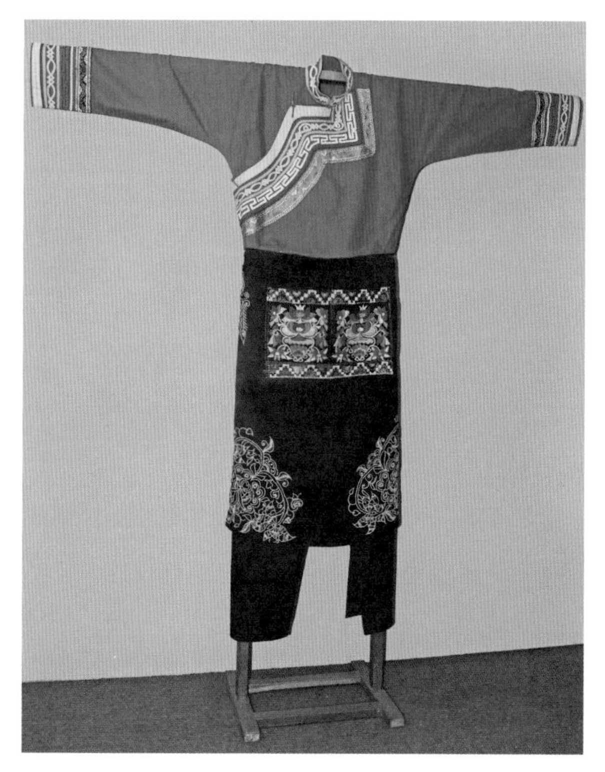

图5-39　羌族女套装（近现代，四川茂县），北京服装学院民族服饰博物馆收藏，章意若摄影

图5-40　羌族绣彩色云卷纹男鞋（20世纪80年代，四川茂县），中央民族大学民族博物馆收藏，章意若摄影

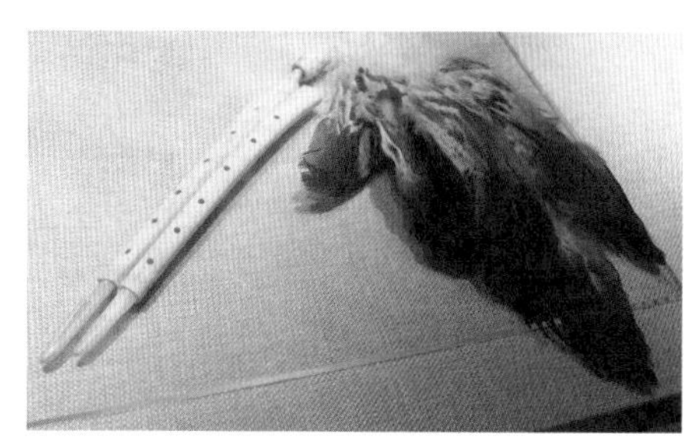

图5-41　羌族鹰骨羌笛（四川省羌族地区），中央民族大学民族博物馆收藏，章意若摄影

第五节　水族服饰

水族，历史悠久，现有人口约41万人。主要分布在贵州省黔南三都水族自治县，散居于贵州荔波、独山、都匀、丹赛，福建和黔东南榕江、从江、丹寨等地，广西的大苗山、南丹、环江，以及云南等地。2006年5月20日，水族马尾绣经国务院批准列入第一批国家级非物质文化遗产名录[1]。

一、轻便利落之衣裙襟袖

水族女子上着右衽长衫，下着裙，裙内着裤，也多见直接着裤。长衫上衣结构简单，不但能体现女性优美身材，且兼具了裙装的婉约，下配长裤，避免了单穿裙装劳作带来的

[1] 类别：传统手工技艺；编号：Ⅶ-23；申报地区：贵州省三都水族自治县。

不便，且对女子腰腹部的保暖更有帮助。盘头裹巾帕，具有干练、简朴、清爽、端庄之美。通常在胸前系一围裙，足服为布鞋，柔软舒适，大方美观。整体服饰形象轻便利落，便于劳作，不失美观和优雅。

水族男子服饰风格与女子一致，亦呈现轻便利落之风格。头裹巾帕、上衣略长、宽松长裤、传统足服为草鞋，外衣无领，内衣的小方领外翻，与毗邻少数民族男子服饰特征接近。

二、稳重规矩之素雅服色

水族服饰以蓝、黑两色为主色调，女子包头巾以黑、白两色为尚，上衣一般为黑、青、蓝三色，裤子一般为青色，鞋子多以青色为底。除花边、刺绣等局部点缀，水族主服、首服、足服呈现黑、青、蓝、白四种稳重规矩素雅色彩，呈现简朴、端庄美感。且白、蓝、青、黑色呈现浸染阶梯状分布，即白布染蓝，蓝布染青，青布染黑，是民间浸染技艺的体现。朴实而稳重的青蓝色寓意希望及生命力，是水族人民挚爱的色彩，这与水族悠久的稻作文化及踏实的农耕生活有着直接的联系，水族女子自古勤劳播种、收割，安稳、恬静的性情在日常生产生活中自然形成，青蓝色的内在恬静、淡泊、安静的情感恰可与其性格相呼应。另外，水族女子自幼接受严格的闺训教育，其言行举止、生活细节务必庄重得体。服饰是文化的载体，其色彩是所有服饰元素中最为直接地体现文化气息和个人内在修养的表现形式。白、蓝、青、黑色具有庄重的色彩情感，色彩情感与内心需求及道德规范的吻合促使这一民族长期以这四种颜色为服饰底色，形成了审美选择和色彩追求。

三、含蓄谨慎之马尾刺绣

水族的马尾刺绣简称马尾绣，马尾绣以马尾毛为线进行刺绣，远近闻名，独具特色。其工艺精湛，图案繁复，其色彩丰富而低调，多彩而神秘。在民间服饰中，如围腰、胸牌、童帽、荷包、刀鞘护套、小孩背带、长者腰带、翘尖绣花鞋中较为多见，是水族独有的传统手工技艺。

马尾绣的纹样源于水族传统吉祥纹样及日常生活，如凤凰、生命树、蝴蝶、花草、鸟兽、虫鱼等，均寓意美好，体现对美好生活的向往。绣纹立体自然，具有浮雕般的立体感，结实牢固，生动形象，活灵活现。

水族女子用马尾绣点缀服饰，并寄托感情，母亲夜下挑灯刺绣，只为孩子有一条美观舒适的背带，背带纹路精细、色调和谐，再缝上诸多铜饰以辟邪，一针一线均融入了浓浓的母爱。而姑娘出嫁，精心为婆婆准备一双马尾绣尖头鞋，体现对老人的敬重。

四、收敛端庄之银饰造型

水族女子的首饰多为银质打造，其头上造型为包头或盘髻，在盘髻上插戴银簪，普遍佩戴银耳环、银手镯，项间及胸前普遍佩戴银制项链或项圈。而胸前佩戴的银压领是未婚少女特有佩饰，银压领錾花与花丝工艺并用，饰物的主体通常錾刻有二龙抢宝的纹样，梅花链下有两只栩栩如生的蝴蝶，下缘垂有蝴蝶、小鱼、花草、叶片等银坠饰，工艺精湛，装饰感强。银饰在其他少数民族中也较为多见，但水族女子的银饰风格与其他民族，尤其同苗族有着明显的风格上的不同，无论是胸花、头饰、耳环、手镯等都以收敛端庄风格见长，没有夸张的银角等向外扩张，枝蔓延伸的式样，其造型多为下垂收敛状态，端庄为尚。而关于水族耳环的来历，民间流传着这样一个传说：相传，一个水族人家很穷，因为交不起财主家的欠债，其女儿阿优便被拉去当了丫头。由于阿优聪明貌美，使得财主老婆非常妒忌，处处刁难、打骂她。一次，她还以阿优不听话为由，死死揪阿优的耳朵，故意用又长又尖的指甲把阿优的双耳掐通。阿优上山打猪草时，耳朵疼痛难忍，就采来草药医治，可耳朵不好包扎，草药也根本无法塞入伤口。这时，她看见小孩丢在地上捅着玩的补龙（一种灌木），大小正好可塞进伤口，就将其卷成小圆圈吊在耳朵上。这样既能治伤，还可遮丑。很多人看到这一摇一摆的补龙圈很漂亮，就用花椒把耳朵穿个眼，效仿起阿优。后来，补龙圈逐渐发展成了各式的耳环，不仅水族女子戴，也成了各族女子不可缺少的首饰（图5-42~图5-47）。

图5-42　水族姑娘，黔东南州民族博物馆收藏，郭友南摄影

图5-43　水族马尾绣背带，上海博物馆收藏，郑卓摄影

图5-44　水族土布马尾绣花蝶纹女服局部（20世纪80年代，贵州三都），中央民族大学博物馆收藏，沈聪摄影

图5-45　水族马尾绣花鞋（20世纪早期，贵州三都），北京服装学院民族服饰博物馆收藏，沈聪摄影

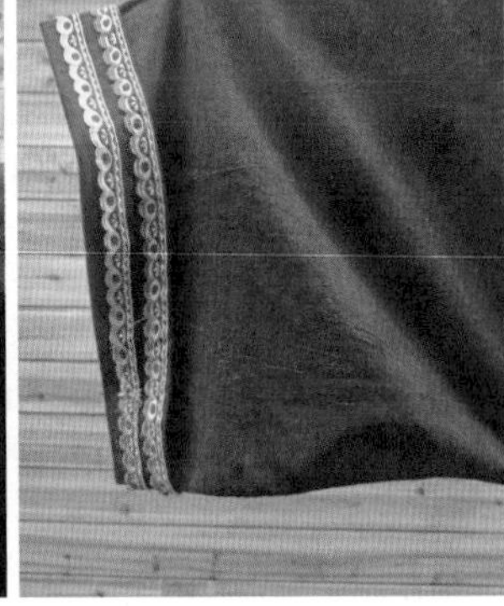

图5-46　水族挑花女服（富源县），云南民族博物馆收藏，章韵婷摄影

图5-47　水族银饰（20世纪中期，贵州三都），北京服装学院民族服饰博物馆收藏，沈聪摄影

第六节　彝族服饰

彝族，历史久远，人口较多，现有人口约871万人。主要分布在四川、贵州、云南、广西四省区。最大的彝族聚居区为四川省凉山彝族自治州，楚雄彝族自治州也较为集中。2008年6月14日，彝族（撒尼）刺绣经国务院批准列入第二批国家级非物质文化遗产名录[1]。同日，银饰制作技艺（苗族银饰制作技艺、彝族银饰制作技艺）经国务院批准列入第二批国家级非物质文化遗产名录[2]。2014年11月11日，彝族服饰经国务院批准列入第四批国家级非物质文化遗产名录[3]。

一、多姿多彩之凉山服饰

彝族分布较广，支系繁多，居住分散，故而服饰因区域不同，其款式、色彩、材质、着装习惯、服饰工艺等各不相同。但最具代表性的是凉山地区的彝族服饰。除此之外，楚雄、乌蒙山、红河、滇东南、滇西等地彝族服饰也分别具有地方特色。

凉山地区的彝族服饰，风格独特，丰富多彩。女子常穿大襟窄袖上衣及宽缘边深色小坎肩。在领缘、袖边、襟缘、下摆处镶缝蓝、红、黄、白等布条，也有以彩色丝线织绣花边装饰的。领口处特别装饰有银排花或以银质小钉缀满衣领。下着由几道横向面料拼缝而成的长裙。头上扎辫子，将辫子盘在一块绣花小方巾上，并以长条珠饰点缀。足服为翘尖绣花鞋。

另外，服饰因年龄不同而有所区别。儿童扎单辫，着短裙，一般仅分两节，腰窄摆宽，多见红白两色搭配。而成年女子裙长，分节较多，且最下节层层皱褶，呈百褶状。多见红、黄、蓝、白色搭配。老年人多见青、蓝色搭配。少女满15岁时，多举行成人礼，在成人礼上“换裙子、梳双辫、扯耳线”，即短裙换长裙，单辫改双辫，把穿耳用的旧线换成银质耳坠。这一服饰形象的改变证明少女已经成年。未生育前的成年女子头上包缠折叠青色或黑色的瓦状帕巾。中老年女子习惯戴荷叶状盘帽或黑帕裹头。

佩饰较为丰富，手镯、戒指材质多为金、银、玉、铜、石等，还佩戴针筒、口弦辟邪，胸饰多见獐牙、麝香等。左侧腰间佩挂绣花荷包，呈三角形，荷包下端缝缀五彩飘带。

男子上着大襟上衣，以彩色宽缘边装饰。下着宽松长裤或多褶长裙。而“擦尔瓦”是男子服饰中特色鲜明的以羊毛织成的披风，彝族男子习惯披戴，多见白、黄、蓝、黑色。儿童及少年颜色艳丽，成年人或长者以蓝、黑色为主。“擦尔瓦”在日常生活中能有效地遮风、避雨、防寒，甚至晚上可以当被子盖，其缘边以彩绣装饰，下摆缝缀穗条，实用而美观。男子左耳习惯戴耳环，

---

[1] 类别：传统美术；编号：Ⅶ-78；申报地区：云南省石林彝族自治县。
[2] 类别：传统手工技艺；编号：Ⅷ-40；申报地区：贵州省黄平县、四川省布拖县。
[3] 类别：民俗；编号：X-156；申报地区：四川省昭觉县，云南省楚雄彝族自治州。

其材质有金属、彩珠、蜜蜡珠等。

二、彝族男子之特色首服

“天菩萨”是彝族男子，尤其是凉山地区彝族男子的一种特色首服，具有彝族服饰的标志性特征。彝族青年男子不留胡须，头顶却留发一绺，用头帕包上，即为“天菩萨”。它表示人最高贵的地方，也是彝族男子显示神灵的方式，任何人不得触摸，倘若有人摸弄，则被视为最大的侮辱。

“英雄髻”与天菩萨相连，是由长达丈余的布条缠头，在侧前方缠成一根锥形长结，高高翘起，长约10~30厘米不等，显示英勇无比。

传说，从前有一个勇敢智慧的彝族青年叫阿里比日。一天，他进山打猎，遇到了气势汹汹的两条龙，张牙舞爪地向他扑来。他怒杀恶龙，并拖回家剥去龙皮，把龙肉切碎装在九十九个大锅里煮了九天九夜，最后熬成了九大碗。阿里比日将这九大碗龙肉全吃了。就在他刚放下碗的瞬间，顿觉天旋地转，昏睡过去。当他醒来时，发现自己的头上已长出了一只伸向左前方的肉角，胸口和膝盖上也长出了龙鳞。此后，他便力大无比，有万夫不当之勇，因此，他被拥立为彝族首领。在他的带领下，彝族打败了许多入侵之敌，部落繁荣富强起来。在阿里比日死后，人们为了表示对他的怀念，就头顶蓄发，编成一绺，象征他的肉角，称为“天菩萨”，并且扎上“英雄髻”。

三、坚贞爱情之定情腰带

彝族小伙子腰间勒着一条用各种颜色的丝线绣着花朵、蝴蝶、小鸟的花腰带，即为姑娘送的定情腰带。

相传很久以前，有一对彝族青年男女倾心相爱，但女方父母嫌小伙子穷，硬是逼着女儿嫁到一个有钱人家去，姑娘死活不依。就在那个富人家来抢亲的当天，小伙子悲愤地死在两人经常约会的小溪边，化为飞舞的彩蝶。姑娘得知此消息后，也悲愤地在抢亲路上断了气，变成鲜艳美丽的花朵。善良的鸟儿给蝴蝶和花朵传递了信息，有情人又能相聚了。从此，每当鲜花怒放之时，蝴蝶就会飞落到花朵上窃窃私语——这就是花腰带上绣着花朵、蝴蝶、鸟儿的原因，更是彝族青年男女坚贞爱情的象征。

四、鸡冠帽及钩尖绣花鞋

云南红河等地区的彝族姑娘，从三岁开始戴鸡冠帽，直到出嫁后才改换头帕。这戴在头上色彩艳丽，似一只雄鸡在啼叫的帽子还有一个动人的传说：很久以前，有一对幸福的恋人在森林中约会，被林中的魔王发现了。魔王想抢夺美丽的姑娘，便杀害了小伙子。姑娘为了免遭凌辱，拼命逃跑，魔王追赶中，突然听见雄鸡高叫，便退缩了。姑娘这下知道了魔王原来怕雄鸡，于是就抱着一只雄鸡到了与心上人约会的地方，小伙子竟奇迹般地复活了。后来，这对有情人结成夫妻，幸福地生活在一起。当地的姑娘也从此戴起了象征吉祥、幸福的鸡冠帽。

云南等地彝族姑娘的嫁妆鞋为一种钩尖绣花鞋。这种鞋为船形，鞋底从前方上翘成尖状，鞋帮上绣花，很是精美。彝族女爱穿此鞋源于一个传说：相传有一对新婚夫妇，女子叫基妞，男的叫格沙。一天，基妞穿着美丽的钩尖绣花鞋从娘家往婆家赶，经过深山老林时，不幸被一条大蟒吞进肚里，只有绣花鞋还露在嘴边，无法吞咽。格沙发现后拼命将大蟒砍死，剖开蟒腹救出了妻子。显然那双钩尖绣花鞋功劳不浅。从此，每当姑娘出嫁时，她的嫁妆中都会备有精心绣制的钩尖绣花鞋，亲人们以此来传达平安幸福的祝福（图5-48~图5-62）。

图5-48　彝族彩绘漆皮甲（清代），上海博物馆收藏，厉诗涵摄影

图5-49　彝族鹿皮包（永仁县），云南民族博物馆收藏，章韵婷摄影

图5-50　现代石屏彝族尼苏支系儿童背被，楚雄彝族自治州博物馆收藏，章韵婷摄影

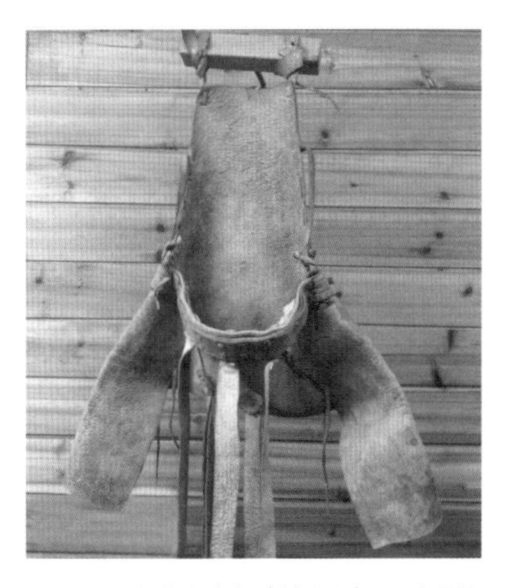

图5-51　彝族麂皮包（鹤庆县），云南民族博物馆收藏，章韵婷摄影

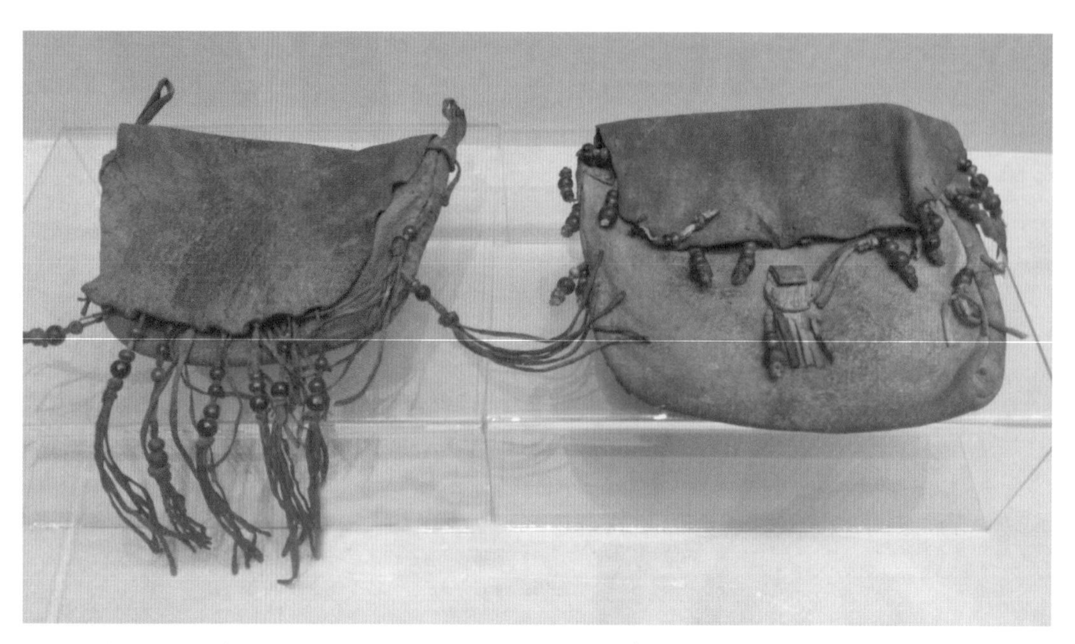

图5-52　彝族男子皮包（20世纪50～70年代），楚雄彝族自治州博物馆收藏，章韵婷摄影

图5-53　彝族绣花镶边男服（20世纪下半叶，四川凉山），上海博物馆收藏，王梦丹摄影

图5-54　彝族绣花女服（20世纪下半叶，云南），上海博物馆收藏，郑卓摄影

图5-55　彝族麻织戳纱绣女服（寻甸县），云南民族博物馆收藏，章韵婷摄影

图5-56　彝族平绣女服（元谋县），云南民族博物馆收藏，章韵婷摄影

图5-57　彝族打籽绣女服（巍山县），云南民族博物馆收藏，章韵婷摄影

图5-58　现代武定彝族乃苏支系火草绣花背披，楚雄彝族自治州博物馆收藏，章韵婷摄影

图5-59　彝族男子，云南昆明，刘文摄影

图5-60　头缠天菩萨的彝族老人，云南楚雄，刘文摄影

图5-61　彝族女子，云南楚雄，刘文摄影

图5-62 彝族童帽，楚雄彝族自治州博物馆收藏，章韵婷摄影

思考与练习

1. 简述布依族蜡染的特色及美感。
2. 试述苗族刺绣或银饰的特色及美感。
3. 试析水族马尾绣的特色。
4. 简述彝族男子首服特色。
5. 任选服饰特色进行现代服饰设计。

基础理论

第六章　云南省民族服饰

课题名称：云南省民族服饰

课题内容：阿昌族服饰、白族服饰、布朗族服饰、傣族服饰、德昂族服饰、独龙族服饰、哈尼族服饰、基诺族服饰、景颇族服饰、拉祜族服饰、傈僳族服饰、纳西族服饰、怒族服饰、普米族服饰、佤族服饰

课题时间：8课时

教学目的：本章主要讲述以上15个少数民族服饰中最具特色的内容。重点讲述其服饰特征的形成缘由。

教学要求：1. 了解以上15个少数民族服饰的特点。

2. 自选角度进行服饰分析或专业写作。

3. 任选以上少数民族服饰特色进行现代服饰设计。

课前准备：1. 了解云南省的主要气候特色及地域文化特色。

2. 收集与整理以上少数民族与服饰相关的省级以上的非物质文化遗产名录。

第一节 阿昌族服饰

阿昌族，现有人口近4万人。主要聚居在云南省德宏傣族景颇族自治州陇川县、梁河县。散居于潞西、盈江、云龙、腾冲等县。2006年5月20日，阿昌族户撒刀锻制技艺经国务院批准列入第一批国家级非物质文化遗产名录[1]。

一、游猎风格之服饰特色

阿昌族属云南境内最早的土著居民之一，世代以游猎为生，其服饰风格与高寒山区环境相适应。阿昌族最为传统的服饰中，主服、首服、足服、手服、耳衣，以及各种佩饰等多取材于狩猎所得动物皮毛及大自然中的植物。例如男子头顶梳髻，戴竹质兜鍪，并以熊皮毛加以装饰，而项饰材料多选用猪牙、鸡毛等。其上衣无领无袖，穿脱方便自如。

男子游猎所需器物从不离身，特别是有随身佩刀之习俗，其中“户撒刀”远近闻名。其服饰简洁、纯朴。多着白、蓝、黑色对襟上衣及黑色长裤。小伙子缠白色包头，缝缀彩色绒线球装饰，脑后垂坠白色绣花长带。婚后改缠戴藏青或黑色包头。青壮年的包头在脑后留穗条装饰，约40厘米左右。老年人多戴毡帽。逢年过节，阿昌族男子纷纷在胸前戴上以红丝线编结而成的菊花。

已婚女子着对襟上衣，长筒裙或长裤，绑腿，腰间扎系银腰带。而未婚女子着青布长裤，不着裙，系围腰。可见，女子从其穿裤或裙即可分辨出婚否，而男子则可通过包头的颜色来区别婚否，一般未婚者白色，已婚者藏青色。阿昌族女子喜爱银制首饰，如硕大的耳环、雕琢精细的宽大手镯和多个项圈、前襟纽扣、长长的腰链等均为银质。除了以上银饰，还拴挂可纳物的小银盒，光芒四射。以鲜花、毛线线花、绒球装点头部、胸部、腰部、小腿等处。另外，阿昌族姑娘还有扎腰带的习俗，以自纺的线、自织的布缝绣而成。传说古时，一位猎人的女儿学习打猎，她为自己做了一条腰带，可以把腰身扎紧，且身前留长短各一条带子，周边女子见这腰带既便于活动，又飘逸如蝶，便纷纷效仿起来。

---

[1] 类别：传统手工技艺；编号：Ⅷ-41；申报地区：云南省陇川县。

二、神圣而神秘之高“屋摆”

阿昌族女子头上盘髻簪花垂穗，也有些地区已婚妇女打黑色或藏蓝色包头，层层缠绕，包头呈高耸状塔形，高者可达30~40厘米，阿昌语称“屋摆”。“屋摆”所用黑色长帕展开有五六米长，是民间自织自染的棉布，以长帕缠绕在发髻及内衬硬壳之上而成。其高度在我国所有具有包头习俗的民族中，居于首位。在阿昌族民间，“屋摆”神圣而神秘，具有专门的包戴仪式，礼仪规定，第一次包戴“屋摆”必须在婚礼后，必须请儿女双全的妇女帮忙包扎，且必须在新房内进行。平日中包裹，不能在长辈及晚辈前进行，外人不可触碰。

在青布包头上插戴彩色绒球、银花等，在黑色服装的映衬下耀眼夺目。另外，男子头上也有青色或蓝色包头。

关于“屋摆”，民间流传着两种传说：一种传说为：据说远古时期，世界处于混沌状态，阿昌族始祖遮帕麻和遮咪麻造天织地，共同创造了人类，但恶魔腊訇造了假太阳，使世界长期处于大旱状态，人们无法正常生活。遮帕麻数次“斗法、斗梦”，终于用神弓射落了假太阳，使世界又恢复了生机。这阿昌族妇女的高包头就是遮帕麻射落太阳的神箭头的标志。另一种传说是：在古代，阿昌族家园经常遭受外敌侵扰。在一次激战中，男子的弓箭都用尽了，而女人又送箭不能。危急关头，有一位聪明女子让前方男子都用布带包成高包头，后方女子则瞄准射箭。这样就迷惑了敌方，敌方也将箭往高包头上猛射。男人们就这样从包头上获得了足够的战箭支援。从而保住了性命，保卫了家园。为了纪念这次战斗和那位女子的机智，阿昌族女子从此就有了这一独特头饰“屋摆”。又因这一传说，“屋摆”也称“箭帽”。

三、五彩斑斓之美丽衣衫

阿昌族有一个服饰习俗，即女子在新婚之时及离世入棺时，都要穿上一件五彩斑斓的美丽衣衫——“缣花衣”。此衣寓意：其一，夫妻白头偕老，生死相依；其二，传说人至阴间后，此衣可呈现在亲人面前，促成亲人相认。“缣花衣”底色较深，款式为长袖、对襟、无领、铜扣。以方形或三角形布片点缀在衣身之上，多处精美刺绣装饰。关于这“缣花衣”，民间流传着这样的传说：相传，很早以前，有一户阿昌族人，老两口带着三儿、三女生活。小妹腊乖聪明伶俐，会纺能织，全家人最喜欢她。父母上了年纪，身体日渐衰弱，父亲先去世了，母亲病卧在床。腊乖希望能让母亲高兴些，便采来五颜六色的花朵，母亲嗅着百花清香，看着奇花异卉露出高兴的神色。腊乖见状又有了主意，即给妈妈做一件有各种花色的衣裳，让她永远能嗅到花的芬芳，永远有鲜花陪伴。兄弟姐妹们一起从山地里找来各种颜色的根茎，拿回来舂碎后熬成水，染在布片上，然后一块块地缝缀起来，真的

像五色斑斓的彩蝶。腊乖给它取名叫“缣花衣”。母亲穿上这美丽的衣服，脸上浮现出一种异样的安慰，但手却凉了下来。妈妈死后，腊乖病倒了，整日昏睡。有一天她梦见自己来到了阎王殿，请求阎王要见母亲。可阎王说，这里鬼魂万千，凡人眼睛是无法辨认的。可腊乖突然看见了那件缣花衣，母女俩终于相见了。待腊乖醒后把梦中之事告诉了大家，并说：“将来人死了，只要穿着缣花衣，到阴司阎王殿都认得出来。”后来，腊乖在兄姐精心的调理下，慢慢恢复了健康。姐妹们还相约，出嫁时，每个人都缝制一件缣花衣。此后，阿昌族姑娘出嫁就有了穿缣花衣的风俗，表示夫妻生死不离；妇女离世，也都要穿一件缣花衣，据说到阴司就可以和亲人相会团聚了（图6–1~图6–3）。

图6–1 阿昌族土布镶银币扣女服（20世纪80年代），中央民族大学民族博物馆收藏，陈颜摄影

图6-2　阿昌族织锦女服，云南民族博物馆收藏，章韵婷摄影

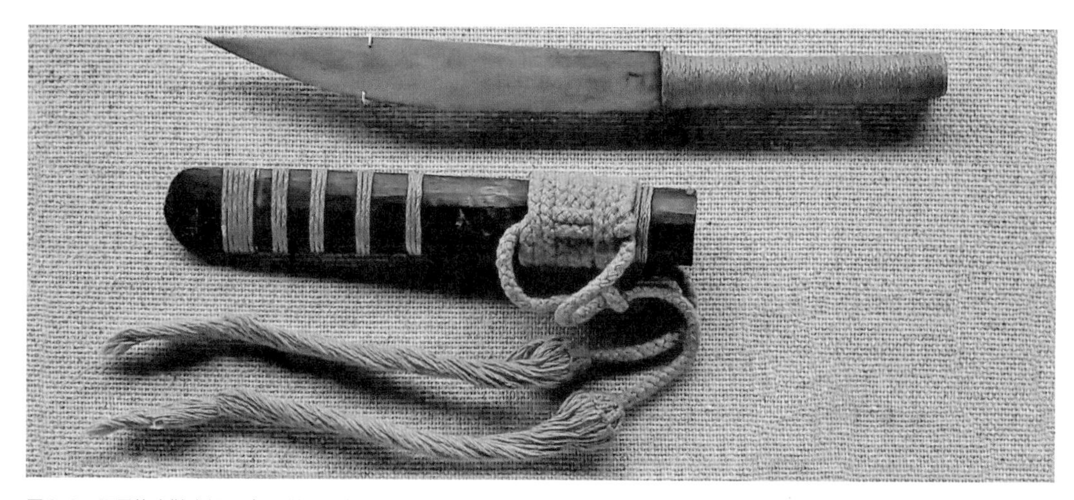

图6-3　阿昌族木鞘小佩刀（20世纪上半叶，云南），上海博物馆收藏，汤雨涵摄影

第二节 白族服饰

白族，现有人口约193万人，主要聚居在云南大理白族自治州，其他散居在昆明、元江、南华、丽江等处。2006年5月20日，白族扎染技艺经国务院批准列入第一批国家级非物质文化遗产名录[1]。

一、风花雪月之浪漫首服

白族首服中最具特色和典型性的要数女子“风花雪月”帽。根据2016年4月，作者至云南大理实地调研而知。白族女子首服的款式、纹样、颜色、形状各有寓意，这寓意正是“风花雪月”。白族女子头饰尾部垂下长长的白色丝穗，既可飘于后背，亦可搭于胸前，微风吹过，随风飘摆，这丝穗即寓意“风”；头上所戴宽条状横向头饰，多层花卉装点，颜色丰富绚丽，寓意“花”；其形状弯弯，如一轮明月，故寓意“月”；顶端一圈白绒，厚厚的，如冰雪聚集，故寓意“雪”。这便是“风花雪月”首服的完美释义。

“风花雪月”首服上盘加黑色绒线粗发辫、艳丽的彩线、绒球等。散居于不同地区的白族女子，首服略显不同，但共同特征是五彩缤纷，装饰丰富。

大理一带已婚妇女挽鬟，未婚者辫饰，或垂于脑后，或将辫子盘于头上。大理海东新娘发饰为“凤点头”。造型包括了凤头、凤背、凤翅、凤尾四个部分。邓川一带的少女首服丰富，其中最典型的一为缀满银铃的“鼓钉帽”，二为帽檐高翘，外形似鱼尾的“鱼尾帽”。保山阿石寨白族男子的以人字形交叉于前额的包头巾很有特色，通常以7米长的白、黑、蓝长布围裹而成。碧江白族女子的首服为花圈帽，其上镶嵌有海贝和白色草子，帽顶端以多条彩珠串为饰。松桂、北衙的白族女子首服寓意了一年二十四节令，即用两丈四尺黑布包于头上，成尖耸状。甸南坝沙南街妇女的首服寓意了头顶日月，即头戴黑色布满皱褶的荷包形大圆帽。

二、崇尚白色及艳素相称

白族在服饰方面特色鲜明，崇尚白色，白色为贵，艳素相称。元李京《云南志略》云：“男人披毡椎髻，妇人不施粉，酥泽其发。以青纱分编绕首系，裹以攒顶黑饰。耳金环，象牙缠臂。衣绣方幅，以半细毡为上服。”

女子着白色或浅色上衣，衣身、袖身合体，外罩红色、黄色等大襟坎肩，下着长裤，

---

[1] 类别：传统手工技艺；编号：Ⅷ-26；申报地区：云南省大理市。

裤管略肥，且裤长略短，上衣下裤轻便利落，便于劳作及活动，腰间或胸前围一彩绣围裙。在胸部、袖口、裤管前下方、围裙、鞋子等显著位置刺绣各种花卉，袖子及裤管、鞋子上的图案一般呈对称状。白族服饰色彩纯净、爽朗、艳丽，彩绣装饰普遍。另外，在头饰、衣襟、腰饰等部位常以绒球、银饰、彩穗等加以装饰，耳环也常出现飘逸的珠穗。

男子首服为缠绕式包头，白色或蓝色居多。身着白色对襟衫及黑领褂，喜外穿鹿皮坎肩，坎肩门襟边缘较宽，纽扣密集。部分地区的白族男子还在颈部佩挂多串彩色珠子。肩部斜挎刺绣布袋，也经常佩带护身长刀。下身着宽松长裤，亦以白色或蓝色为主，腰间扎系腰带，小腿部裹腿，在腰带、裹腿等处常缝缀彩色绒球装饰。白族男子逢年过节要跳传统舞蹈——龙舞，着白衣、黑坎肩、大红色长裤，头戴六角帽，六角帽以头巾缠绕而成，体积较大，有长穗垂坠。

三、凄美传说之定情足服

在云南云龙一带，流传着一个凄美的爱情故事：从前在一座很高的大山上修行着一个法术高超的老道人，他的坐骑是一只猛虎，此人来去如一道闪电。每年的栽种时节，他都出来呼风唤雨，所以山下的人都很敬重他。有一天，老道人外出会友，一高兴多喝了几杯仙酒，回来后便连睡了三天。俗话说天上一日，世上一年。在这三年里，可害苦了山下百姓。原来，老道人沉睡的时候，他坐骑的老虎跑出来闯祸，到处吃牲畜、害人。大家不敢上山砍柴，不敢出门劳作，整日提心吊胆。有人提出要除掉老虎，可它是老道人的坐骑，不好这样做。后来有人提议在老虎脖子上挂个响铃铛，当老虎一来，铃铛先响，人们就可提前做防备了。可谁敢去完成这个艰巨的重任呢？最终，有个叫阿明的勇敢猎手决定亲自前往，消息传出，各村寨的人都来送行。大伙给他披彩、敬酒。姑娘们争着送给他东西，可他只留下了一双阿玉姑娘送的白色麻草鞋，这是姑娘亲手编制的，草鞋上还有两朵火红的缨子花。阿明对她说："谢谢你，我穿上这双草鞋，一定能把铃铛给老虎挂上。"阿明最终不负众望，顺利地完成了任务，但人却一直没有回来。只有阿玉姑娘相信阿明一定还会回来，所以她每天手里总是拿着一双新打的麻草鞋，跑到山脚下喊："唉——噫——呦，阿——明——哥！"等着心上人归来。这以后，白族姑娘如果有了意中人，就会送给他一双麻草鞋，鞋尖上扎有两朵火红的缨子花（图6-4~图6-11）。

图6-4　白族平绣女服局部（云南大理），云南民族博物馆收藏，章韵婷摄影

图6-5　白族麻织贝饰女服局部（兰坪县），云南民族博物馆收藏，章韵婷摄影

图6-6　白族女子，云南大理，杜立婷摄影

图6-7　白族女子首服及鞋垫，云南大理，要彬摄影

图6-8　作者着白族服饰于大理蝴蝶泉边留念，王嘉斌摄影

图6-9　作者与白族小姑娘合影，云南大理，王嘉斌摄影

图6-10　白族男子舞服，云南大理，要彬摄影

图6-11　白族婚服，云南大理，刘一诺摄影

第三节　布朗族服饰

布朗族，历史悠久。现有人口近12万人，主要聚居在云南省西双版纳傣族自治州的勐海、景洪，临沧市的双江、永德、云县、耿马，思茅区的澜沧、墨江等地。信仰多神，非常重视婚丧、祭祀等仪式，后受佛教影响较大。

一、发髻上的“三尾螺”首饰

布朗族女子的发髻上通常都戴首饰，尤其喜欢别一枚叫“戛丝戛中”的银簪。银簪上铸有一个精巧的“三尾螺”图样。有的女子还将包头帕布缠绕成“三尾螺”的造型。布朗族女孩子长大后会戴上长辈为其准备好的“三尾螺”银饰。

这“三尾螺”源于一个传说：在布朗族人居住的景洪山寨里，有一个十七岁的漂亮姑娘，叫亿英。一日，她同姐妹们在河中洗澡嬉戏，偶然拾到一个玲珑剔透、五彩斑斓的三尾螺，亿英把它插在发髻上。此后，她的容颜每日三次变换：早上，她扛起竹筒，迎着山风去泉边汲水，她的脸庞像含露的玉兰白嫩娇美；中午，丽日蓝天，在竹楼阳台上砍芭蕉做猪食的亿英，脸蛋儿像果实一样红润；傍晚，亿英背柴回来，脸上似涂了一层晚霞。不久，她的美艳被当地统治者傣族首领看中，强占为妾。由于她的美丽，使首领如痴如醉，王后百般嫉妒。一日一把将她头上的三尾螺拔下砸得粉碎，失去三尾螺的亿英容貌渐衰，很快就被赶出宫门。首领随之增加了当地的贡税。布朗人不堪重负，举寨逃走，在途中遇到官兵，亿英奋起反抗，不屈而死。后来，布朗族妇女为了怀念本民族的这位美丽而不幸的姑娘，都在发髻上别上这种铸有三尾螺式样的银簪，沿袭至今。

二、低调融合的男女服饰

布朗族男女服饰非常低调，服装所用面料都是自织自染的土布，以蓝、黑两色为主，款式亦简单实用。

布朗族长期与傣族、汉族等杂居融合，服饰受傣族影响较大，亦穿紧腰上衣，衣短，但较傣族稍长，袖子窄瘦，下穿双层直筒长裙，内层长而外层短，穿着时，深色横条花裙下露出一条内层浅色裙，增加了服饰层次美感。小腿缠护腿，头梳发髻，缠大包头，包头上装饰银链、银铃、绒线花。而长至两肩的耳饰、项链、手镯，背包等也多见金属、彩色绒花、穗子等进行装饰。传统足服为草鞋，或赤足。

女性服饰还是区分年龄的重要标志，少女长发挽髻，头上插彩色绒球、鲜花、彩花装饰，喜染红双颊。服饰色彩鲜艳，内穿对襟小背心，襟缘处镶缝层层叠叠的花边，也喜欢以熠熠闪光的金属圆片装饰。外穿窄袖短衣，色布鲜艳，款式为斜襟、无领、紧腰、波浪状底摆、腋下系带、镶缝花边。下穿自制直筒长裙，内裙为白色，较外裙略长，外裙以膝盖略下分割，以上部分为红色系横条织锦，下部分为黑色或深绿色单色布拼合，裙边镶多条花边及彩色布条装饰。扎系裙腰用银带或多条银链。已婚女子通常以彩色围巾包缠头部，包头两端有须穗装饰。戴数量较多的银钏，从十几圈至几十圈不等，是富贵象征。银镯、玉镯亦是彰显富贵的主要首饰。中老年女子着黑衣，包头亦为黑色，下着织锦筒裙，少有装饰。

女子服饰款式简约实用，而男子服饰更为简单，通常上着青色或黑色长袍，大襟缘边，口袋内贴，圆领长袖，下着黑色或青色宽松长裤，扎系腰带。因与毗邻少数民族的融合，也着与毗邻民族类似的对襟无领短衣等服饰。包头色彩多为白、黑两色，也见粉红色。衣饰上以绣花、绒球等装饰。男子喜佩戴手镯。老年人一般会将发辫盘于头顶。男子有文身习俗，文身部位在胸部、腹部、四肢，文身纹样包括几何形、飞禽走兽，以炭灰和蛇胆汁固色。

另外，布朗族男女均有染齿习俗，全族认为牙齿经过染黑过程会更加坚固和美观。染齿也是男女进入恋爱期的标志（图6-12、图6-13）。

图6-12　布朗族女衣裙，北京服装学院民族服饰博物馆收藏，张晨摄影

图6-13　布朗族织锦女服，云南民族博物馆收藏，章韵婷摄影

第四节　傣族服饰

傣族为云南省特有的民族之一，现有人口约126万人，全民信仰佛教。主要聚居在云南省南部和西部的河谷平坝地带，最为集中居住地在西双版纳傣族自治州和德宏傣族景颇族自治州，有“孔雀之乡”之称。2008年6月14日，傣族织锦技艺经国务院批准列入第二批国家级非物质文化遗产名录[1]。

一、美如孔雀之傣族女服

傣族男子服饰与毗邻地区民族相似。而傣族女子服饰美如孔雀，色彩丰富，生动娇美，

[1] 类别：传统手工技艺；编号：Ⅷ-106；申报地区：云南省西双版纳傣族自治州。

独具特色，有“金孔雀”之美誉。

女子上穿长袖或短袖紧身短衣，衣长仅及腰线，一般无领，对襟或侧竖襟。颜色多为白、浅粉、淡黄等，侧缝开小衩，胸前系纽扣。下着裙长至足的直筒裙，裙上多出现花卉纹样，颜色较上衣深，且色彩绚丽。腰间以一角捻结、掖进腰里。这样就使得直筒长裙的前片形成自然垂坠的褶皱，挺拔而灵动。头上盘髻，簪鲜花、梳子等装饰，脚穿屐或赤足。平日最常见的首饰为耳环、手镯。外出时多戴大斗笠，以防晒。而因居住地的不同，傣族女服又各具特色，主要体现在以下四个区域式样。

西双版纳式：上穿紧身背心，为白、绯红、淡绿色，外穿大襟或对襟衫，款式为短小、无领、袖窄、腰窄、摆宽、无扣，以布带系结。长筒裙至足面，腰臀紧致，脚摆宽松，利于通风散热和行走自如。长筒裙腰部扎银腰带。不分年龄，均盘髻并挽在头顶，并簪花装饰。外出时随件主要有自织筒帕、平骨花伞、旱伞、背包等。

德宏瑞丽、耿马勐定式：德宏部分地区的傣族少女上身穿大襟短衫，多见浅绯色，下穿长裤，腰部围腰绣花装饰非常精致，以辫发盘于头顶。婚后女子穿对襟上衣，多见黑、白二色，下穿黑色长筒裙，头顶梳髻，以毛巾包裹。中年女子头戴黑色高筒帽。

元江、新平式：这一区域的傣族支系最多，但均以黑、红为主，个别支系穿长至膝盖的蓝色上衣，款式为右衽、圆领，配长及小腿的宽大裤子。其他支系均习惯扎包头，头饰极为多姿多彩，长筒裙也普遍为黑色。有的支系上衣为两件内外搭配穿着，内层领形多变，且以银泡或鱼形装饰，外衣无纽扣，窄袖，长短不一。而“花腰傣”则在衣襟、腹部、背部、包头正面等多个部位缝缀大量小银泡、鱼形银饰，手镯、戒指、耳环等也搭配为闪闪发亮的银饰，可谓银饰满身，行走时犹如鸟鸣般悦耳，其围腰在诸多银饰的衬托下尤为鲜艳夺目。

元阳、红河式：有的地区女子着黑色上衣，款式为圆领、右衽、窄袖。下穿长至膝盖的黑色长筒裙。头戴黑色包头，包头前额的彩绣尤为丰富绚丽，少女的包头尾端刺绣有两截纹样，飘于脑后，已婚者则将包头完全缠入，不留尾端装饰。而有的地区女子穿白色上衣，款式为长款、对襟、蝶形银扣，下配长筒裙，腰带为红或绿色。

二、染齿文身及精美首饰

在傣族的传统审美观念中，只有染过的牙齿才算是美的，且染得越黑越美、越结实、越吉利。所以，不染齿的女子婚嫁会遭遇困难，不染齿的男子会让族人鄙视，故大部分地区的傣族男女均染黑齿。傣族男女从十四五岁开始染齿，通常采用锅底灰或中草药涂抹，还有最为普遍的一种方式就是咀嚼槟榔，槟榔也是傣族人日常及待客的主要食物。傣族人在家中吃槟榔时，还有尊老爱幼的礼仪习惯，他们还认为，被槟榔染黑的牙齿不会再生虫牙。

除了染黑齿以外，有些地区为了彰显富贵，还将金片、银片做成的牙套套在门牙上，并以镶牙为尚，认为镶的牙越多越富贵。

傣族男女自古便以文身避免蛟龙侵害，后来以此作为成年的标志。女子文身部位在眉宇间、手臂、手背，而男子文身集中在人体肌肉的强劲部位，以体现其阳刚之气。傣族的文身纹样主要有鸟兽、花卉、文字、几何形状等。

傣族女子的首饰多为银质，有项圈、手镯、耳坠等，其上多饰以翡翠、玛瑙、玉石等，非常精美。居住在西双版纳一带的女子腰间扎系以银丝、银片编缀而成的腰带。肩上所背的背包通常为定情信物，背包上绣有丰富的纹样，以孔雀和大象最为常见，分别寓意幸福吉祥和五谷丰登、生活美好。傣族纹样还有狮子、马匹、花树、建筑、人物等。孔雀和大象是傣族服饰品、生活用品上应用最为广泛的，具有独特的地域性和符号性（图6-14~图6-22）。

图6-15　傣族女服（20世纪上半叶，云南西双版纳），上海博物馆收藏，王梦丹摄影

图6-14　傣族女子形象，北京服装学院民族服饰博物馆收藏，杨滢摄影

图6-16　傣族棉织鸟兽纹花布（20世纪下半叶，云南西双版纳），上海博物馆收藏，王梦丹摄影

图6-17　傣族挑花银饰女服局部，云南民族博物馆收藏，章韵婷摄影

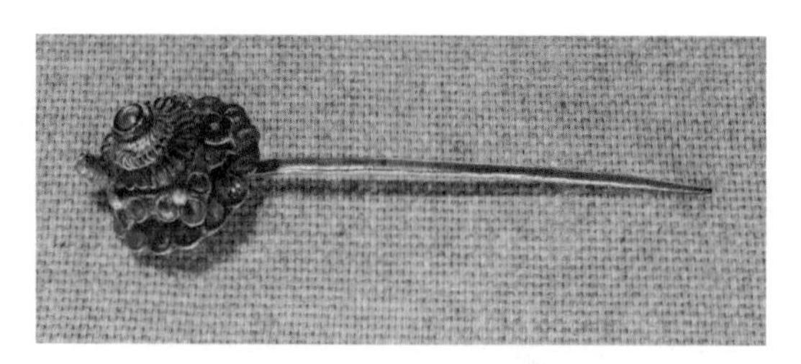

图6-18　傣族银簪，上海博物馆收藏，厉诗涵摄影

图6-19　傣族婚礼女服，云南民族博物馆收藏，章韵婷摄影

图6-20　傣族树皮衣，云南民族博物馆收藏，章韵婷摄影

图6-21　花腰傣刺绣女衣裙（20世纪早-中期，云南省新平县），北京服装学院民族服饰博物馆收藏，杨滢摄影

图6-22　傣族女子，云南昆明，要彬、刘一诺摄影

第五节　德昂族服饰

德昂族，为跨国境而居的民族，绝大部分居于缅甸，中国境内的德昂族人口约2万人，主要散居于云南省德宏傣族景颇族自治州的潞西市及临江地区的镇康县，其他散居于盈江、瑞丽、陇川、梁河、保山、耿马等县。长期与景颇、汉、佤、傣等民族交融杂居。多信仰佛教，少数信仰不同教派。

一、重重叠叠之藤篾缠腰

德昂族女子着青色紧身短衣及黑色筒裙，在两者之间装饰具有标志性特色的腰饰——藤圈腰箍，腰箍重重叠叠挂于腰胯之间，亦是德昂族姑娘成年的标志，藤圈宽窄不一，少则十来根，多则三十根以上，并常涂以红、绿、黄、赭、黑等色，其上多镌刻丰富多彩的花纹，并多见包裹银或铝皮装饰。腰箍多为藤篾制成，也有的前面为藤篾，后面为螺旋形银丝。而每逢佳节庆典则戴银腰箍。德昂族认为，腰箍为女性美的标志，以不戴者为耻也。唐代史籍载：德昂族以“藤篾腰箍”为饰，这一饰物，经过千余年的发展，至今仍然留存。德昂族认为女子腰间佩戴腰箍数量越多，工艺越精湛，越能证明该女子的勤劳及聪慧，也代表了心灵的美好。所以，小伙子常常精心雕琢“藤篾腰箍”送给恋人戴在腰间，作为定情信物。

据有关德昂族来源的传说记载，德昂族是从葫芦中出来的，刚出来的时候，男子容貌无区别，女子则不然，但出了葫芦便满天飞舞，后来天神利用智慧将长得一模一样的男子区分开来，男人们为了拴住女人，就用藤篾编成腰箍套在女子身上，女人们就再也飞不动了，同男人生活在一起。

二、丰富多彩之各色装饰

德昂族男女偏爱银饰，都戴银项圈、银耳筒、大耳环或耳坠等。女子颈间要戴多层银项圈，耳部垂彩花及银饰。不论男女，其包头的两端、耳坠上、挂包周边都以诸多绒球装饰。

德昂族男子服饰简约而朴实，颜色为深蓝或黑色，低沉而深厚。头戴筒帕，上着大襟无领长衣，深色坎肩，下穿宽松长裤。但其装饰却丰富多彩，艳丽夺目。男子装饰中最具特色的是诸多的绒球装饰，青年小伙子的胸前挂有一串五彩绒球，据说是姑娘送给小伙子的定情之物。绒球的装饰部位如筒帕、双耳、颈部、胸前等，红色最多，腰带也为红色，与之呼应，绒球颜色还有蓝、黄、绿等，如彩虹般炫灿夺目，加上银质饰品的闪闪银光，整体服饰形象光彩夺目，低沉而深厚的服饰底色起到了很好的衬托作用。

德昂族女子亦着深色上衣，下着长裙。其腰带、衣襟等处均布满刺绣花纹，并加流苏、穗条进行装饰，色彩鲜艳。以方块银牌作纽扣，胸前挂满或缝缀成排银牌、银泡、五彩小绒球，包头巾的多种包缠方式令头部装饰更为特别。女子衣服下半部呈现长方形装饰，长方形内绣花装饰，外部一周缀满红、黄、绿等色小绒球。

德昂族头饰及五色小绒球在男女服饰中扮演着重要角色，居住各地的德昂族男子头饰风格一致，均短发，缠包头，两端饰以各色绒球。德昂族认为缠戴包头对于成年男子庄严而神圣，要在婚礼的第三天举行，以此来寓意新郎新娘和睦百年、诸事顺利。

而德昂族女子的头饰则因居住地不同而各不相同。有的蓄发裹布制包头，包头两端缝坠彩色绒球，有的裹羊肚毛巾白包头。德宏地区则仅脑后长辫发，将额前头发剃光，包黑蓝色带花边的布包头，发辫由脑后缠于包头之上。有的地区女子梳长辫盘于头顶成髻。有的地区的姑娘颈部要挂上粗细不等的银项圈，最多要挂十几个。

三、衣裙款式与民间传说

德昂族女子着彩色横纹长筒裙，一般都是上遮乳房，下及踝骨。不同支系的裙上均有不同颜色、不同宽度的横条纹。关于这独具特色的横纹长裙，民间流传着一个传说：远古时，德昂族杀牛祭祀，有三个姐妹过来帮助按牛，垂死挣扎的牛不停地滚动，牛尾上沾着的血甩到了她们的裙子上。后来，她们就各自按照裙子上血迹的位置和颜色深浅织制了新筒裙，其颜色醒目，又很别致，故流传了下来。

德昂族女子还有一个服饰习俗，即在衣裙上镶红边装饰。这源于一个传说：很久以前，在云南陇川一带，氏族之间频繁发生战争，百姓们生活在水深火热之中。妇女也不得不参战，但妇女穿的都是黑衣服，没有明显的敌我标志，导致在混战中，常常出现误伤、误杀事件。德昂族首领想出了个办法，让本族妇女们在衣服上挂一块红布，或在裙子上拴一条红布带，以示区别。后来人们在战争中感到这样的确很方便，于是干脆就将红布直接缝在衣裙边上，这样，既不碍事，也不会忘记，还起到装饰作用。后来德昂族妇女衣裙上镶红边的习俗便流传了下来（图6-23~图6-26）。

图6-23　德昂族织锦女盛装，云南民族博物馆收藏，章韵婷摄影

图6-24　德昂族镶边女服，上海博物馆收藏，郑卓摄影

图6-25　德昂族女子形象，云南昆明，刘文摄影

图6-26　德昂族镶银牌扣饰竹篾腰箍女服（20世纪80年代，云南瑞丽），中央民族大学民族博物馆收藏，陈晓玥摄影

第六节　独龙族服饰

独龙族，现有人口6930人，主要聚居在交通闭塞的云南省西北部的贡山独龙族怒族自治县、怒江傈僳族自治州的独龙河两岸。中华人民共和国成立前，其生产形态还非常原始，崇拜大自然，相信万物有灵。

一、标识特征之披毯为衣

由于交通的闭塞，纺织技术传入独龙族非常晚，在独龙族人未掌握纺织技术之前，曾以兽皮御寒，以树叶遮羞。当独龙族妇女掌握了纺织技术之后，纺织便成了其每日主要的劳作形式。在生产生活中，独龙族妇女不断摸索经验，以当地产的麻皮、火草等野生植物捻成线，再纺织成布。还学会了以植物为染料，将线染色，进行线条及纹样的织造。直至一种垂直条纹的线毯织造成功，为独龙族服饰的标识性特征起到了决定性作用。线毯是独龙族男女老幼均披挂于肩上的毡毯，亦称“独龙毯”。独龙族披毯为衣的服饰形象因纺织技术的发展而出现。男女服饰无显著不同。披挂时，习惯遮覆前胸及后背。独龙毯深受独龙族人喜爱，其实用功能极强，在物质生活匮乏的情况下，独龙毯白天当衣，晚上当被，与独龙族人日夜相伴。这种传统手工艺也成为独龙族主要的收入来源，还可到集市以物易物，换回盐、酒、塑料制品、动物饲料等。除却其实用功能，独龙毯质地柔韧、色彩调和、稳重大方、粗犷豪放，具有原始趣味性和本民族特色，深得独龙族人喜爱。目前，独龙族男女老幼仍然习惯和喜欢披毯为衣。一方线毯展现了独龙族的智慧及审美观念，也体现了其独特的服饰文化内涵。

清末，在怒江有对独龙族的实地调查报告，载有独龙族男女服饰形象：“……男子下身着短裤，憔遮股前后；上身以布一方，斜披背后，由左肩右腋抄向胸前拴结。左佩利刃，右系篾箩……”；而女子则“……以长布两方自肩斜披到膝，左右包抄向前，其自左向右者，腰际以绳紧系贴肉，遮其前后，自右向左者，则披脱自如也……”。此报告中详细描述了独龙族男女服饰的典型特征及独龙毯的披绕方式，对今日之研究很有帮助。

日前，随着现代工艺的渗入，独龙毯的织造已经以棉线、开司米毛线等替代了野生植物纤维。其色彩更为艳丽，工艺更为讲究，更具欣赏性。

二、颇具特色之配饰装扮

独龙族全身配饰颇具特色。男女双耳均习惯戴大耳环，或双环相扣，或单环垂肩。也有在耳垂处的耳洞里插入精制的竹筒作为装饰。男女均戴粗犷的多层料珠项链，且认为项链条数越多越好，故最多可有十多串。也有不戴项链，却以菖蒲根等草茎编成项圈为饰，皆裹缠绑腿。独龙族男女传统发式别具特色，为散发，前额发帘齐眉、左右盖至耳尖、后面长至肩膀，均以刀切发，远看似帽子。

在生产生活中，独龙族男子因劳作、狩猎需要，故出门时腰间必佩砍刀、弩弓、箭包。形成了独特的配饰风格，具有原始性和强悍感。

独龙族妇女习惯头披大花头巾，其裹法多样。出门时，妇女们习惯在肩膀上斜跨一个精致的藤篾箩，既可盛物，又可装饰。特别喜欢以藤篾编成大小不一的圈箍，分别戴在手腕、大腿、腰上。腰间通常戴十几条染成黑色或红色的细藤圈。直至今日，腕圈仍流行于独龙族妇女中。

三、原始风情之文面习俗

独龙族少女在十二三岁时进行文面，即代表成年。这一习俗自古流传，具有原始性特征，是独龙族祖先在生产力低下，物质匮乏的情况下，进行美化自身的方式，反映了该民族对美的追求和审美观念特征。现今，仍然可见少数健在的独龙族高龄老年妇女脸上黑蓝色的文面花纹。

关于独龙族女子文面的原因，流传着多种说法，其中，学界普遍认同的是：为了躲避毗邻强大民族对美貌少女的抢夺，独龙族便将少女娇美的面部文上永不褪色的蓝黑花纹，面部虽然变得丑陋了，但却能躲避劫掠之灾。长此以往，便形成习俗，且改变了独龙族的审美习惯，独龙族女子文面后，并不认为是丑了，而是自认为美丽了，尤其到了老年，文面交织于皱纹中，起到淡化皱纹的效果，更是独龙族女子喜欢上文面的主要原因。

独龙族文面的花纹样式还可区分居住地区的不同。例如北部，即独龙江的上江地区习惯大文面，文面部位在额部、两颊、下巴处；南部，即独龙江的下河地区习惯小文面，文面部位在颧骨及其以下，也有仅在下巴处文2~3道。

独龙族文面的方法各地基本一致，文面师均为经验丰富的长辈女子。其步骤为：竹签蘸锅灰→描好文型→手持针状树枝→小棍轻敲树枝刺破肉→拭去血水→敷以锅灰和植物拌成的汁液→面部略有肿胀→干痂脱落→永久花纹（图6-27~图6-31）。

图6-27　独龙族麻织男服（贡山县），云南民族博物馆收藏，章韵婷摄影

图6-28　独龙族彩条纹麻布披毯（独龙毯），中央民族大学民族博物馆收藏，黄冰慧摄影

图6-29 独龙族藤编背包（20世纪下半叶，云南贡山），上海博物馆收藏（张忠良先生捐赠），汤雨涵摄影

图6-30 独龙族遮阴板，云南民族博物馆收藏，章韵婷摄影

图6-31 独龙族法鼓，中央民族大学民族博物馆收藏，黄冰慧摄影

第七节 哈尼族服饰

哈尼族，现有人口约166万人，绝大部分聚居在云南省南部红河与澜沧江的中间地带，以哀牢山区的红河、元江、元阳、墨江、绿春、金平、江城等地最为集中，在无量山区、红河以东各县亦有分布。信仰自然崇拜和祖先崇拜。

一、崇尚黑色及绚丽装饰

哈尼族祖祖辈辈的日常生产劳动均在梯田上完成，服饰面料、款式、装饰等方方面面均与梯田农耕生活密不可分，实用而得体。

哈尼族崇尚黑色，从适应生产劳动需要角度考虑，黑色具有吸热保暖、耐磨耐脏等优势。哈尼族认为黑色是最高贵、最庄重、最圣洁、最美丽的颜色，黑色被视为本民族的吉祥色、生命色、护佑色。所以，哈尼族服饰的首服、主服、足服等均以黑色或接近黑色的藏青色为底色。女子服饰丰富多变，多穿右衽无领上衣，下穿长短不一的裤子或裙子。

哈尼族习惯在黑色面料上施以绚丽装饰，习惯在男女服饰的衣缘、袖缘处缝绣五彩花边，女子扎绣花围腰、佩戴多种银饰。其头上习惯戴银泡、银币、珠穗、绒球等加以点缀，绚丽夺目。两耳垂坠两束鲜艳的彩线，排列规则，遵循对称法则、长短对比、疏密有致的形式美感和组成规律。颈上挂多串珠链，白头巾悬垂而下的银质套环也散落于颈部，增强了服饰美感和动感。黑色上衣集中在肩膀、袖子、腋下等部位缝缀五彩缤纷的彩条、垂穗，在层层叠叠的彩条之间精细施以彩绣，上衣底摆处亦施彩绘、垂彩穗，装饰效果极强。除此之外，胸前还以银质圆花形片状饰物加以点缀，变化多端，银光闪烁，且次序规则。黑色也起到了非常完美的衬托作用。短裙多百褶形，腰带打结于腹部，其装饰手法亦采用层层叠叠的彩珠、彩绣、朱穗等。就连裹腿布也是宽细变化、层层装饰。首饰如耳环、手镯等起到点缀作用。哈尼族男子同样将黑色、深蓝色作为服饰色彩的基础色，虽然饰件较女子少得多，但头巾、挎包、颈部、前襟等亦装饰彩绣纹样、绒球彩穗，并银泡闪烁，与女装形成呼应，且具有明显的标志性作用。

值得一提的是，其装饰繁多，却如梯田般排列均匀，整整齐齐，渗透着梯田文化的魅力。

哈尼族男女特色服饰在结婚前及生育前普遍穿着，但成为父母之后，就逐渐减少或取消鲜艳饰物。中年男子的银链、银泡等诸多装饰也从衣饰上摘下，为其后代留存好，代代相传。女子则去掉帽饰、胸饰，着黑衣蓝裙，以此显示庄重和沉稳。

二、不同支系之迥异服饰

哈尼族有很多支系，服饰因支系不同而具有明显区别。其服饰色彩变化多端、造型多样，款式近百种。

其一，叶车支系：叶车女子有一个服饰习俗，即“衣多为荣”。认为同时穿很多层衣服不仅美观，还是经济富足的体现。每逢喜庆佳节，姑娘们有的甚至同时穿出七件外衣、七件衬衣、一件内衣。胸前还挂一对银链，腰两侧挂诸多银片、银泡，并戴银手镯等装饰物。叶车女子平时并不多衣，上衣以靛青色土布为原料，对襟、无领、无扣、短袖、宽口，腰间以五彩腰带围腰扎系。下着紧身超短裤，非常干练。此衣裤款式十分适合日常劳作，如下田耕作、上山砍柴等。有一款短裤因其特殊造型被少女广泛穿用，其裤口紧瘦，一层层面料向臀部上卷，然后内别，呈现倒“八”字形，颇具立体效果和时尚感。头戴尖顶软帽，以白布缝制而成，帽子尾部呈燕尾形，缘边处绣花装饰，十分精美。

其二，僾尼支系：僾尼人头饰非常丰富，年轻姑娘的帽子周边缝缀成串料珠，耳边垂坠流苏装饰。妇女习惯在头部戴镶有小银泡、料珠的方形帽。服饰面料为自织自染的藏青色土布。女子上衣为右衽、无领，胸前配挂多串料珠，穿短裙，裹护腿。

其三，西摩洛支系：西摩洛人女子穿左衽蓝色一体衣裙。胸部至腹部缝缀银泡，少则数十颗，多则上百颗。衣裙边角绣以花草纹样。下穿合体青蓝色长裤，小腿处缠绑裹腿。腰间扎系蓝布腰带，腰带上绣满狗牙花、月亮花（图6-32~图6-38）。

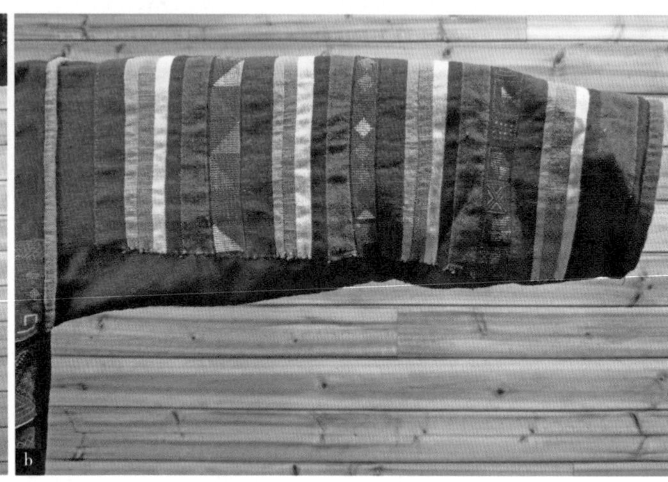

图6-32 哈尼族挑花女服局部（勐海县），云南民族博物馆收藏，章韵婷摄影

图6-33 哈尼族女子服饰形象，北京服装学院民族服饰博物馆收藏，杨梦涵摄影

图6-34 哈尼族僾尼女盛装（20世纪早-中期），北京服装学院民族服饰博物馆收藏，杨梦涵摄影

图6-35　哈尼族缀银多铃多层女服局部，中央民族大学民族博物馆收藏，杨梦涵摄影

图6-36　哈尼族女服（20世纪下半叶），上海博物馆收藏，汤雨涵摄影

图6-37　哈尼族银饰女褂（元阳县），云南民族博物馆收藏，章韵婷摄影

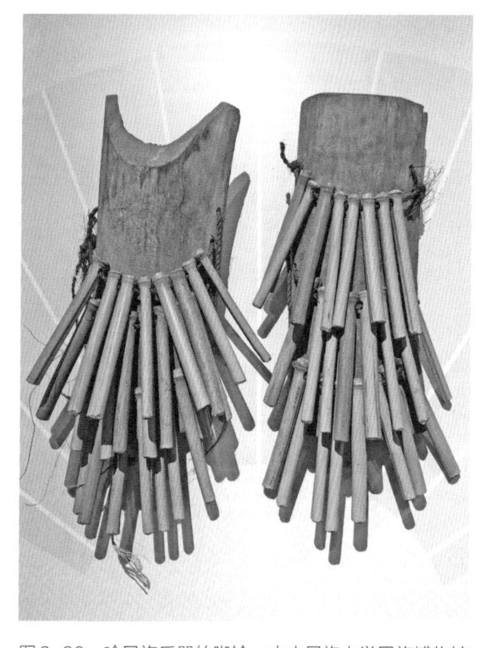

图6-38　哈尼族乐器竹脚铃，中央民族大学民族博物馆收藏，杨梦涵摄影

第八节　基诺族服饰

基诺族，现有人口约2万人，主要分布在云南省西双版纳傣族自治州景洪市基诺乡，那里是横断山脉无量山末梢的丘陵地带。相信万物有灵，重视祖先崇拜。

一、尖顶帽饰及长布包头

基诺族女子头戴具有本民族标志性特征的尖顶式披肩帽，以竖条花纹的自织“砍刀布”为面料，裁剪上似一口袋少缝一边罩于头上，顶部竖起一尖顶，帽的前檐向外翻卷，两侧自然下垂披散，直披至肩，朴实大方、简洁明快。发式及帽尖也是基诺族女子婚否的标志。未婚女子的头发散披于肩，也有脑后梳髻者，尖顶帽子。而已婚女子则将长发打结，以竹编发卡卡住，尖平顶帽子，戴时前倾。

基诺族男子头上裹着长布包头，其发式及包头同样具有年龄、婚否的识别功能。未成年男孩发式为短发，头戴帽子，在十五六岁时的成年礼上，郑重地换成长布黑色包头。包头经过多次缠绕固定于头部，一侧留出，两端有彩边装饰。未婚小伙子的包头上多见小绒球或一朵装饰花。装饰花乃定情之物，以红豆串成，下吊着绿壳虫的翅膀。以红豆的不褪色及绿壳虫翅膀的坚不可摧象征爱情的坚贞和持久。

二、古朴素雅之服饰风格

基诺族的服饰风格为古朴素雅。其衣裙原料由本民族自纺自织的砍刀布缝制而成，之所以称为“砍刀布”，是因为妇女在织布时，席地而坐使用腰机，操作时，经线一端拴在腰上，另一端拴在对面的两根木棒上。而纬线则绕在竹木梭上，以双手操纵穿行，每穿行一次就必须以砍刀式的木板将其推紧，然后继续纺织，“砍刀布”由此得名。衣裙花纹不是以刺绣呈现的，而是在织布时完成，以横直彩条、几何图形为主。基调为白色及黑色，依纹样不同可分为上衣用料和裙子用料，通常不混用。因纺织工艺的限制，其棉布尚不够紧密、光滑，接近粗犷的麻布效果，但牢固性很强，被男女服饰广为应用。

女子服饰除了尖顶帽服饰特征外，上衣为无领对襟短开衫，胸上部开始至下为蓝、红、黄、绿、黑、白横条纹，两袖袖口缝彩条或花斑布。开衫内搭配鸡心领兜肚，亦有条纹或绣花纹样，也有装饰各色珠子及多种形状的银饰品。下身穿至膝下短裙，为宽缘边装饰，前面开合。

基诺族男子服饰除了长布包头及耳饰特征外，通常着彩色横条纹砍刀布对襟小褂，圆领无扣，小褂背饰图案很有特色，在一块约有六寸见方的黑布上，彩绣一朵似太阳光芒的放射状花纹，汉语意为“日月花饰”。也可在此花纹旁点缀兽形纹或不同花纹。挎包上也绣此花纹，并垂穗绣花。下身着及膝宽筒裤，裤腰两侧均设开口，约15厘米长，再缝上一块四方形的黑布。小腿部绑缠。

三、特别耳饰及独特挎包

基诺族成年男子还特别注重耳部的装饰，多戴镌刻有各种花纹的耳环，木制、银制最为普遍。在耳环和耳孔上还喜欢以鲜花点缀，这就标志着该男子进入恋爱期。女子的耳饰多为竹管、鲜花、柱状空心软木塞。之所以男女耳饰都有鲜花点缀，是因为基诺山四季如春，鲜花盛开，故以鲜花为饰非常方便，有的一天中还要更换几次，时刻保持新鲜。人们甚至认为耳孔越大，插入的鲜花越多，越是勤劳、才干的象征；相反，则代表了胆小和懒惰。基诺族男女恋爱时，有互赠花束的习俗，并亲自插在对方的耳孔内，是很好的爱慕之情的表达。基诺族男子将缠包头及戴耳环视为神圣和庄严的服饰行为，有这样的服饰规定，即在父母去世后的一年内不得缠包头、不得戴耳环，以示哀悼和孝顺。

基诺族的挎包所用面料即为自织的砍刀布，是将约33厘米（一尺）宽的砍刀布裁剪成几块，长块对折成条，即为挎包肩带和两侧用料，短的横折后加边，为挎包包面。其风格大方简洁，结实耐用，是基诺族男女老少不可或缺的服饰随件。挎包上还经常出现纹样装饰，多为爱情信物。常见的有日月花、八角花、回纹花、人字花、万字花、穗子花、四瓣花等。

四、动人传说之服饰故事

关于基诺族妇女尖顶帽及衣裙的来源，民间流传着这样一个神话传说：基诺族的创世主阿嫫尧白，从水中浮出时头戴洁白的三角尖顶帽，她用泥土捏制成基诺族人，族人为了遮风避寒，便仿造阿嫫尧白，戴上洁白的尖顶帽，穿上洁白的衣裙。而帽子和衣裙历经演变，织绣出彩色花纹，则源于一个故事：相传，美丽的基诺姑娘布鲁蕾和勤劳忠厚的穷小伙儿泽白是一对恋人。而附近寨子的富家公子泽木拉对布鲁蕾的美貌早已垂涎三尺，可姑娘对他和他的钱财根本不感兴趣，一日，泽木拉硬是派人把她抢来，逼迫她三天后与自己成婚，姑娘死也不从。泽木拉气坏了，从火塘中操起一根燃烧着的柴火朝姑娘的头上打去。洁白的三角尖顶帽上就留下了一条粗黑印子。这就是今天基诺族妇女尖顶帽上黑纹花的由来。此时，泽白还蒙在鼓里。他还像平时那样摘了一朵布鲁蕾最喜欢的太阳花准备送给她。乡亲们跑来告诉他此事，小伙子手拿太阳花飞奔到泽木拉家。等到夜深人静时，泽白爬进房内，用尖刀把捆绑在姑娘手脚上的藤子割断，背起她就跑。天亮了，泽白才发现布鲁蕾被捆绑过的手脚因流血把袖口和裙子边都染红了，有的地方还变黑了。这就是以后基诺族女子衣服袖口、裙子边上均镶有红、黑条的来历。在泽木拉带人快要追上两人时，泽白由于中箭负伤倒在血泊中，布鲁蕾也昏倒了。危急时刻，一位仙人老阿嫫将河水猛涨，暴雨倾盆，使追赶的人无法前进。老阿嫫顺手拔了一把草药在手中撮碎，再把泽白中箭的裤腰顺缝撕开了两个三寸的口子，拔出毒箭，敷上药。为了感谢救命恩人，从此基诺族男子的裤腰上都要开两个三寸长的口子。当仙人离去，为了躲避泽木拉带人追来，两人准备爬树，姑娘不舍得把心爱的太阳花扔掉，就把花插在泽白的衣背上。这以后，基诺族男子衣服背面正中就绣有一朵太阳花，也称"日月花饰"。基诺族认为是阳光给大地带来了生机与希望，自然万物都应对阳光心怀感恩。日月花饰还有一种象征意义就是子女要如日月一样永恒地铭记父母之恩（图6-39~图6-43）。

图6-39　基诺族织花镶边女服（20世纪上半叶，云南西双版纳），上海博物馆收藏，张梅摄影

图6-40　基诺族棉麻织挑花女服，云南民族博物馆收藏，章韵婷摄影

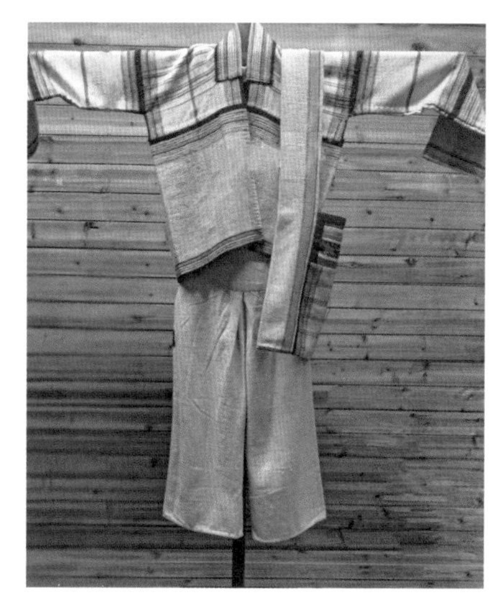

图6-41 基诺族棉麻织男服（景洪市），云南民族博物馆收藏，章韵婷摄影

图6-42 基诺族女子纺织场景，云南西双版纳，唐伟摄影

图6-43 基诺族男子劳作场景，云南西双版纳，唐伟摄影

第九节 景颇族服饰

景颇族，历史悠久，是一个历经迁徙流变而成的民族。现有人口约15万人。主要聚居在云南德宏傣族景颇族自治州的崇山峻岭中，海拔多在1500~2000米。少数散居于怒江傈僳族自治州的片马、古浪、岗房、耿马、澜沧等县。认为灵魂不灭，重视祖先崇拜。

一、光灿耀人之女子服饰

景颇族女子服饰面料主色调为黑、红色，上穿黑色圆领对襟窄袖上衣，下穿长至膝下的红色景颇锦裙或花色毛织筒裙，露出的小腿裹毛织护腿饰。衣裙之上多出现菱形纹图案。在腰部及腿部以黑色或红色藤箍，全身多处银饰物装饰。腰间扎系宽长腰带，有的景颇族女子还喜欢将藤篾编结成多条藤圈，涂以红、黑颜色，戴在腰间。足服为草鞋或布鞋。

女子服饰中最能体现其特色的是光灿耀人的银泡、银链、银扣、银币、银片等装饰品及粗大的刻花银手镯、多个大气的银项圈、又粗又长的银耳筒、耳环等，就连随件，如背包上也缝缀很多银泡、银币、银穗装饰。所有银饰品中特别以肩上垂落在胸前及后背的规则排列的“银泡披肩”最为醒目，颈上还同时戴多条银项圈，并搭配银链、银铃等。遍布全身的银饰闪闪发光，黑色的上衣起到了很好的衬托作用，对比非常强烈，视觉效果明显。景颇族女子独爱银饰，并认为身上披挂及佩戴银饰越多，越能体现女子的勤劳与智慧，是才干和财富的象征。

景颇族已婚女子的头饰为筒状包头，以高著

称，其包戴仪式非常神圣而庄重，外人不得随意触碰。女子的第一次包戴仪式要在婚礼后进行，地点为新房内，帮戴者必须是儿女双全的中年妇女。就是在日常生活中的包缠及摘取，长辈与晚辈也要相互回避。

二、威武奔放之男子服饰

景颇族男子习惯穿黑色或白色对襟圆领上衣，深色宽松长裤，腰间扎系绣花腰带。男子最为重要的装饰品为长刀、挎包。长刀插入刀鞘之内，以红带将其斜背于肩，长度至腰胯处，顿生威武之势，显示出景颇族男子刚毅不屈、勇敢壮美的性格。既实用又美观的红色挎包是男子出行必备随件，以黑布宽带斜背，其上缝缀诸多小银泡和小银链，包的底边处缝缀丰厚的长流苏。小伙子头上包裹白色包头，包头巾的一端，即耳边缀有红色小绒球，格外醒目。男子全身多处习惯以红绒球装饰，除头巾外，在领缘、脚踝、挎包、刀鞘等处都非常普遍。素衣、腰带、长刀、挎包、银饰、绒球，构成了男子威武奔放的服饰形象。

三、漂亮花裙及精美刺绣

据说，很久以前，巴板鸟浑身光溜溜的，一根羽毛都没有。是百鸟们觉得它可怜，所以都各自拔下一根最美的羽毛送给它，它才变成美丽之鸟的。后来有一个叫木瑞的姑娘要出嫁了。在她出嫁的前几天，父亲打来一只巴板鸟，姑娘小心地把鸟儿的羽毛拔下来，用针线把羽毛缝在自己的裙子上。她出嫁那天，寨子里的姑娘都称赞这裙子漂亮。聪明的木瑞希望姑娘们都能穿上这么美丽的裙子，她想了很多办法，终于研究出将织裙子的线染上不同色彩的方法，并织出了有花的裙子。那花纹似巴板鸟的羽毛一样美丽。从此，景颇族姑娘就穿起了漂亮的花裙子。

景颇族织物及刺绣纹样的丰富多彩足可体现景颇族女子的勤劳和聪慧。编织工具非常简单，或者说比较原始，但却能为世人呈现出五光十色的纹样，其品种在三百种以上。景颇族的织锦及刺绣花纹上的图案具有很强的装饰性，风格独特，工艺精美，纹样取材广泛，如动植物题材的斑色花、蝴蝶花、毛虫花、虎脚花、自然树木等。体现出景颇族女子对大自然的热爱和美好生活的向往。刺绣品最具代表性的是护腿和手绢，护腿几乎每日使用，而手绢则另有寓意，是姑娘们赠送给恋人的定情之物（图6–44~图6–49）。

图6-44 景颇族银饰女盛装（20世纪下半叶，云南瑞丽），上海博物馆收藏，郑卓摄影

图6-45 景颇族毛织银饰女服局部，云南民族博物馆收藏，章韵婷摄影

图6-46 作者与景颇族人合影留念，云南昆明，刘一诺摄影

图6-47 景颇族银筒镯[1]（20世纪早中期，云南景洪），北京服装学院民族服饰博物馆收藏，严卿楠摄影

图6-48 景颇族银筒镯（18世纪中期，贵州雷山），北京服装学院民族服饰博物馆收藏，严卿楠摄影

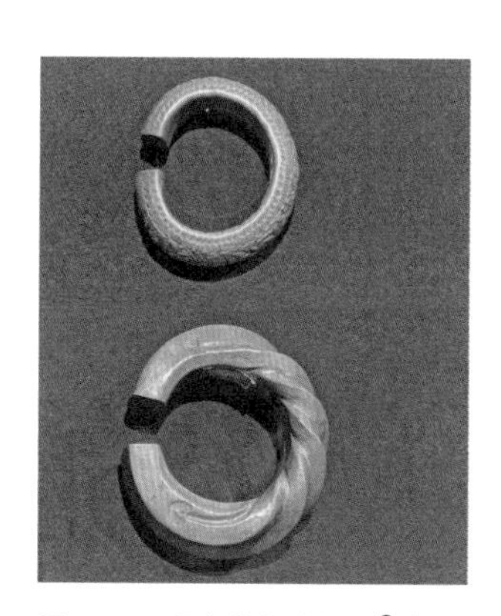

图6-49 景颇族錾花银镯[2]（上，20世纪早中期，云南景洪）、拧花银镯[3]（下，20世纪早期，云南景洪），北京服装学院民族服饰博物馆收藏，严卿楠摄影

❶ 此手镯为银质，花丝工艺，筒镯的两端稍宽，筒镯主体呈亮银色，其光洁的质感与花丝的细致辉映。
❷ 此手镯为银质，錾花工艺，錾刻有细密的花草纹样。
❸ 此手镯为银质，拧花与錾花工艺，中空结构，錾刻有少量的花草纹样，造型明快简洁，装饰风格豪放。

第十节 拉祜族服饰

拉祜族，在55个少数民族中脱离原始氏族社会非常晚，中华人民共和国成立前仍处于原始氏族社会的状态。现有人口约48万人。主要分布在云南澜沧江流域的思茅、临沧市。与多个民族，如汉、佤、傣、哈尼、布朗、彝族交错杂居，关系融洽，民俗及文化上相互影响和渗透。

一、宽松大方之西南风格

拉祜族服饰注重实用而得体，宽松大方的风格适于生产，且是西南地域特征性的体现。

拉祜族女子喜戴银质项圈或藤篾、手镯、耳环等饰品。主服多见长袍和短衫：其一，及足长袍，右衽，以黑色或接近于黑色的深蓝色为底色，其开衩很高，在大襟、袖口、领缘、底摆等部位镶缝绚丽多彩的横条纹边饰或以丝线镶绣民族纹样，嵌有多排闪闪发光的银泡装饰长袍的边缘部位。下着横条纹装饰的宽松裤或缘边装饰的花筒裙。其二，短衫，衣长仅至腰际，开襟、无领。其衣缘部位缝缀有条纹装饰。短衫内为白色汗衫，因衣长过短衫而外露，形成层次感，并与下身筒裙搭配和谐，且具有一定的吸汗、护腰、保暖等实用功能。有些地区的拉祜族女子为了生产生活和劳作需要，缠绕裹腿。为了美观，在裹腿布上精心绣花装饰，形成了实用而精美的腿饰。

拉祜族男子上身穿长袍，色浅、右衽、高开衩、扎腰带，亦有穿短衣者。其大襟、领缘、挎包等部位以深色布条镶缝装饰，或在衣缘处镶银泡，或缝银泡、银币、铜币为纽扣。下着宽腰、阔裆、肥管长裤，足服为舒适的布鞋。出门必佩腰刀、葫芦、火枪，尽显西南男子英武之气。

拉祜族男女出行均背挎包，既实用又美观，挎包有拉祜族妇女以多色彩线精心刺绣而成，纹样精美、垂穗很长、做工讲究，是拉祜族妇女纺织及刺绣技艺的完美体现，亦是女子送给意中人的定情之物。

二、头部装饰及支系服饰

拉祜族妇女头部习惯裹一丈多长的黑布包头，其缠绕方式多种多样，十分讲究。头巾的末端垂线穗至腰间。有的拉祜族妇女则包缠大毛巾。未婚姑娘们的包头上加一块折叠的白底印花毛巾。青年男女在歌舞中寻找意中人时，小伙子对哪位姑娘心仪，便趁机抢走头巾，姑娘如果同意，就将头巾赠予小伙子，并同时相赠绣制精美的挎包及帽子。拉祜族女子的包头不仅具有实用和美化功能，还蕴含了禁忌文化，在长辈面前不可取下，更不能以散发形象出现在长辈面前，否则将被视为无礼。拉祜族男子亦缠头巾，通常将其裹成双尖菱形。外出时习惯头戴竹帽，其上罩毛巾，具有遮阳挡雨的实用功能。

聚居于西双版纳区域的拉祜族，可分为拉祜纳、拉祜西两个支系。

其一，拉祜纳。又名“黑拉祜”。传统的男女发式均为剃光头，但未婚女子蓄发不剃，婚后女子剃头时不完全剃光，而是在头顶留一绺头发，一则区分男女，二则示意吉祥。拉祜纳人认为，剃光头免去了清洗长发的麻烦，既卫生又舒适，还方便打理，并是女子美貌的标准之一。少女有裹缠头帕的习惯，其缠绕方式多种多样，头帕两端以绚丽夺目的彩色长丝穗点缀，长丝穗飘洒至腰际，十分飘逸和生动。

其二，拉祜西，又名“黄拉祜”。拉祜语中的“西”有两则含义，首先指金黄之色，其次为混杂之义。因为拉祜西人长期与汉族及彝族等民族为邻，关系融洽，文化上交融互渗明显，作为文化载体的服饰也表现出强烈的融会贯通特色。拉祜西妇女蓄长发，并将其盘于头顶，习惯以一丈多长的黑色或彩色头巾裹缠头部，头巾两端缝缀彩色长缨装饰。上衣或短或长，短衣为无领、对襟或斜襟，在胸口、衣领、袖边等处以彩色几何纹小布贴补缝绣，在开襟及领缘等部位镶嵌诸多规则排列、闪闪发光的银泡。下身搭配花格纹样长筒裙。长衣为无领、左衽、衣长及膝。下身穿宽腰长裤，在腹部将裤腰打折后扎系。其门襟、袖边、领缘等处以彩条镶边。围腰上缝缀两条飘带，充满灵动之感。成年男子多穿短衫，款式为对襟、布扣、窄袖，颜色多见黑色、青色、蓝色，下着宽腰、宽腿长裤，扎系腰带。头部裹缠黑色头巾或黑色布帽。出行时挎背袋、扛猎枪、佩长刀、握弓弩，游猎风格显著（图6-50~图6-55）。

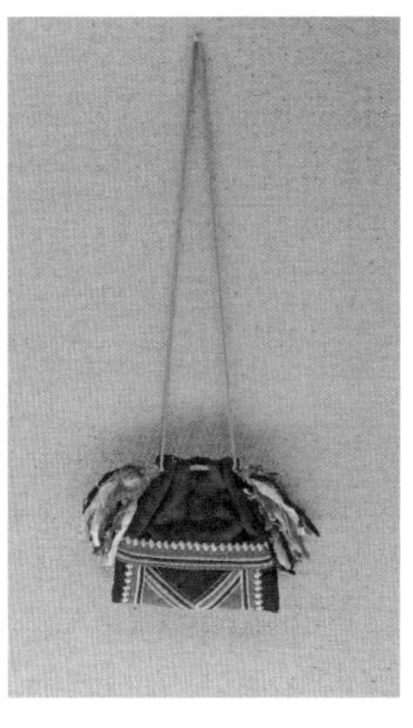

图6-50 拉祜族拼花银饰女服及拼花荷包，上海博物馆收藏，郑卓摄影

图6-51 拉祜族成年女子服和少女服，北京服装学院民族服饰博物馆收藏，朱丹茫摄影

图6-52　拉祜族织花背包，上海博物馆收藏，张梅摄影

图6-53　拉祜族剪贴绣银饰女服局部（澜沧县），云南民族博物馆收藏，章韵婷摄影

图6-54　拉祜族刻花银手镯，上海博物馆收藏，张梅摄影

图6-55　拉祜族錾花回旋银手镯，上海博物馆收藏，张梅摄影

第十一节　傈僳族服饰

傈僳族，其族名最早可追溯至唐代著述，现有人口约70万人，主要聚居在云南省西北部怒江傈僳族自治州，散居于丽江、迪庆、大理、德宏、楚雄、四川省的西昌、盐边等地。与汉、白、彝、纳西等各族人民关系融洽，交错杂居。

一、独特风韵之男女服饰

傈僳族男子服饰具有英俊剽悍的风格。其结构简洁，以麻布为面料，上为素色条纹长衫，下为长裤，腰间扎系氆氇为饰。肩挎箭包，腰佩长刀，手持弓弩，短袍裹腿，尽显英俊剽悍之风。

傈僳族男子十分注重头部的装束，头上普遍缠红或黑色包头巾，且存在区域之别，有的地区以青布包头，有的地区则蓄发编辫后盘于脑后。腾冲地区的傈僳族男子包头最具特色，称"篱笆花包头"，该包头十分厚重，且结实耐用，体积庞大。是取宽近半米，长近10米的海军蓝色布，将其缠绕在藤篾上编成篱笆花托子而成。民间传说，远古时期，傈僳族的一位勇士就因为头缠篱笆花包头而挡住了侵略者的砍刀，有了反败为胜的机会。这一特色包头从此被人们神圣化，受到傈僳族男子的喜爱，代代相传。现在，除了御寒保暖等实用功能外，还起到民族标识的作用，同样体现出了英勇善战的民族气息。

傈僳族女子服装款式落落大方，装饰规则有序，颜色明快艳丽。例如人们习惯用松石绿、大红、湖蓝、橘黄等亮丽布片裁剪成几何形布条，绣以各种纹样，再缝缀在主服上，整齐排列的层层彩绣边饰丰富多彩，生动活泼。多数傈僳族女子喜欢胸前搭配海贝、玛瑙或银饰长项链。不同居住地域的傈僳族女子服式及色彩等存在差异，如居住在泸水地域的黑傈僳女子穿裤，不着裙，上衣右衽，腰系围裙，以青布包头，耳饰为小珊瑚等。居住在永胜、德宏地域的花傈僳服饰颜色艳丽，穿及地长裙，优雅而妩媚，在衣缘、裙摆等处镶绣花边，头裹花布。居住在云南怒江地域的白傈僳、黑傈僳女子服饰颜色淡雅，多穿右衽上衣，麻布长裙。已婚妇女耳饰为银饰或大铜环，最长耳饰可垂肩，头部饰以珊瑚、珠料等。居住在腾冲、德宏地域的傈僳族女子将三角垂穗缝缀彩球围在腰后，并扎系于臀部，形成具有原始风格的特色装饰——"尾饰"。

二、妇女必备之"俄勒"头饰

"俄勒"是傈僳族妇女必备的头饰。是用珊瑚、料珠、海贝、小铜珠编织而成的。那片片海贝如同银月高悬，串珠悬垂宛如众星捧月。最下端的铜珠嵌在前额，金光闪闪，给人以华美、尊贵之感。

关于“俄勒”，民间流传着这样一个美丽的传说：远古时代的一次大旱灾，使得无数人丧命。有一对失去双亲的男女青年受米斯神的指点，在一个山清水秀之地安顿下来。男的上山打猎，女的管理家务，两人日久生情，互相爱慕。尽管二人勤劳耕作，但生活仍十分艰苦。小伙子身上的衣服破旧得已无法蔽体、御寒，姑娘很是心疼，决定要动手给心上人织做新衣。她克服了重重困难，终于找到了荨麻，之后便不停地撕麻、煮麻、漂洗、捻线，经过无数个日夜的努力，姑娘终于织成了一件横纹麻布长衫。小伙子看到心上人为自己不辞劳苦，而阵阵山风袭来，她被吹散的发丝不时挡住视线，刺得眼睛常常流下眼泪，小伙子便暗下决心，一定要送给姑娘一顶漂亮的帽子拢住她的乌发。一个明月当空的夜晚，他望着天空，幻想着为姑娘制作一顶如同月亮一样洁白、光润的帽子。之后，他踏遍千山万水，终于在唐古拉山脚下找到了漂亮的海贝，他用姑娘搓成的麻线把磨好的海贝片和白色、红色的树果子穿成串，终于做出了一个美观大方的“俄勒”。在一个丰收的中秋之夜，小伙子手捧着饱含情意的“俄勒”，伴着月光，戴在姑娘头上。姑娘取出长衫，披在小伙子的身上。两人情深意绵。终于结成终身伴侣，生儿育女，繁衍后代。

图6-56　傈僳族女子，云南民族博物馆收藏，章韵婷摄影

从此，谈情说爱的傈僳族小伙子务必要做一顶“俄勒”，送给心上人作为定情之物。姑娘也要亲手做件长衫回赠给意中人（图6-56~图6-58）。

图6-57　傈僳族海贝珠串饰条纹长裙女服（20世纪90年代，云南怒江），中央民族大学民族博物馆收藏，金梦摄影

图6-58　傈僳族平绣女服局部（盐隆县），云南民族博物馆收藏，章韵婷摄影

第十二节　纳西族服饰

纳西族，现有人口约32万人。主要聚居在云南省丽江市纳西族自治县。散居于云南省西北部的淮西、中甸等地，四川省西部的盐源，西藏自治区东部的芒康县盐井等地。多数信奉东巴教，少数信仰佛教、道教、喇嘛教。2009年8月，纳西族传统纺麻技艺经云南省政府批准，被列入云南省第二批非物质文化遗产代表性项目名录。

一、披星戴月之羊皮披肩

纳西族妇女最为特殊的服饰是一件羊皮披肩，称为“披星戴月”或“七星披肩”。披肩呈片状，上宽，腰细，下为垂花式，披肩镶饰两大（在肩部象征日、月）七小，共九个以彩色丝线绣得十分规则精致的扁平圆盘，七个小圆盘中各垂一带，可系扎所背之物。整个披肩以白色宽带相绕结于胸前，平时可保暖，劳动时又可成为防护用品，久而久之便成为一种颇具特色的服饰。

据说这羊皮披肩的式样是模拟蛙身形状剪裁而成的，两个大圆盘图案表示蛙的眼睛。因为纳西族古时崇尚青蛙，东巴经里称之为“黄金大蛙”，民间传说称为“智慧蛙”。关于七星披肩的由来，还有一个生动的传说：久远以前，纳西族聚居在湖畔山边，有一年这里出了个想把山河烤焦的残暴旱魔，放出了八个假太阳，于是天上共有九个太阳，这个落了那个出，没有黑夜，湖边的人们整日犹如在热锅上蒸煮，田地干裂，山泉和湖水枯竭，人和家畜都快渴死了。寨子中有个非常勤劳能干的姑娘英古，她不忍看万民遭殃，立誓去东海请龙王解救。她捉来许多奄奄一息的水鸟，拔下羽毛，编织成一件五光十色的“顶阳衫”披在肩上，便直向遥远的东方奔去。英古饱经了千辛万苦，终于来到茫茫无际的东海边，为了见到龙王，她不停地唱着美妙的歌。刚巧被龙王的三王子听到，英俊的小伙子连忙露出水面，两人倾心交谈，深情相爱。当龙王得知旱魔一事，马上派三王子携万顷玉液陪英古回家乡救难。三王子作法变化，满天浓云翻腾，顷刻下起大雨。人们沉浸在欢喜中。可阴险的恶魔不甘示弱，设了毒计将三王子诱进陷阱。英古为救心上人苦战九天，终于倒在了地上。纳西族的善神北时三东见此情景，遂用雪精造了一条矫健非凡的巨龙去制伏旱魔。巨龙乘风驾云，将假太阳一个个地衔在嘴里变冷后就逐一吐到地上，只把变冷了的第八个太阳留在空中当夜里的月亮。雪精龙胜利归来，又用身子把旱魔压死了。北时三东拾起雪精龙吐下的七个冷太阳，捏成七个光芒闪闪的圆星星，镶在英古的顶阳衫上，表彰她的勤劳、智慧和勇敢。纳西族的姑娘们以英古为榜样，铭记英古的功绩，仿照英古那镶有七个璀璨圆星的顶阳衫，做成精美的披肩，世代相传。

二、男子服饰之交融影响

纳西族男子通常缠包头巾或戴毡帽，大襟上衣，缘边装饰，也有内衬棉布或麻布衬衣，外着羊皮坎肩或披羊毛毡，长裤宽松，多为黑色或蓝色，小腿处裹缠布条，腰间扎系腰带。足蹬布鞋或皮鞋，脚上“缠以毡片、挟短刀”。中甸三坝一带的纳西族男子多穿麻布衣裤，右衽或对襟，衣长仅至腹部，缠红布包头。

由于杂居状态及开放思想，纳西族在服饰上受到汉、藏、彝、白、傈僳等民族的交融及影响，如泸沽湖摩梭（摩梭人系纳西族的一个分支）男子因信仰藏传佛教，故身上所着斜襟上衣、头上所戴宽边呢帽、足上所蹬高筒长靴等有着明显的藏族特色。又如，建国前夕，丽江一带纳西族男子服饰与汉族十分相似，穿起了长袍马褂、对襟短衫、长裤。腰带在纳西族男子服饰中不可或缺，不但利于劳作、保暖、美观，还蕴含了其他民俗特色，如摩梭人的婚姻方式为走婚，男子的腰带如果是花色的，就证明已经走过婚，如果是素色，就证明还没有走过婚。

总之，分散在各地的纳西族男子服饰均具有历史久远、款式简洁、色调爽朗、风格淳朴自然的特色。

三、哀悼死者之白布缠头

长辈死后，小辈要在头上缠一块白布，叫作“孝”，相传是从纳西族东巴三久开始的。据说，东巴三久的母亲死后，变成了一只蜻蜓。东巴三久买来一口锅，砍成两半，用白布条小心地包着冻僵的蜻蜓，装进锅里盖好。然后，他把锅背到金沙江边的塔城阿刷峰的岔口，用松、柏、栗树枝，在锅边烧起一堆火给蜻蜓取暖，期待它的苏醒。蜻蜓慢慢暖和过来，扇动翅膀从锅里飞了出去。东巴三久看着在天空中自由飞翔的蜻蜓，知道那就是自己的母亲。为了表示对母亲的尊敬和怀念，他就把包过蜻蜓的白布缠绕在头上。从此，纳西族就把戴在东巴三久头上的白布叫作“孝”。长辈死后，孝子和小辈们，都要在头上包裹长条白布，表示对死者的哀悼（图6-59~图6-62）。

图6-59　纳西族女子服饰，云南丽江，要彬摄影

图6-60

图6-60 纳西族少女，云南丽江，刘文摄影

图6-61 纳西族东巴，云南丽江，刘文摄影

图6-62 摩梭人，云南泸沽湖，刘文摄影

第十三节　怒族服饰

怒族，是我国人口较少的少数民族之一，现有人口约4万人。主要分布在怒江两岸的傈僳族自治州的贡山独龙族怒族自治县、福贡县、兰坪白族普米族自治县及泸水市。少量散居于西藏自治区的察隅县、云南省迪庆藏族自治州的维西县。信仰万物有灵，崇拜自然神。

一、面刺青文及首勒红藤

据《维西见闻录》载，清乾隆时，贡山怒族有“面刺青文，首勒红藤”之习俗。清《丽江府志》载：“男女十岁后皆面刺龙凤花纹，”同时还载有：“男女皆披发，并用红藤勒在额前束发。”据相关资料记载，20世纪60年代前，怒族仍流传文面习俗。由于语言不通，贡山怒族与碧江怒族存在很多民俗上的不同，碧江怒族就未见任何有关面刺青文的记载。

二、怒毯裙子及交融特色

怒族妇女接触到纺织技术比较早，擅长以麻线纺布，其男女服饰面料多为自织麻布。怒族妇女下着裙子，因支系不同而有所不同。怒族妇女的裙子最具特色，其实用性和功能性较强，即“怒毯”，怒毯为白底，其上织有红、黑、蓝色纵向纹条，颜色和谐，节奏整齐，风格大气。与独龙族的“独龙毯”十分相似，白天围绕成裙，晚上展开为被。

贡山怒族妇女上着右衽麻布衫，冷时套深色坎肩。受藏族、纳西族交融影响，年龄偏轻的妇女习惯身前围藏式氆氇风格的彩色围裙。而老年妇女习惯在身前围一条纳西族式样的黑色围裙。典型的贡山怒族少女头饰为短发，围四方纱巾，头上围以多条彩色毛线编成的蓬松发圈。居住在福贡、碧江地域的妇女普遍短发，戴红白色珠串缀而成的小帽，穿白底细蓝条长裙，裙摆处镶三圈红条装饰，上身着右衽白短衫，身上斜披挂多条珠串。

怒族女子讲究佩饰。常见垂肩大铜环、竹管耳饰，以银币、贝壳、珊瑚、玛瑙、彩珠等串缀而成的头饰、胸饰、帽饰等。习惯在胸前挂彩色串珠或项圈、海贝制成的圆形装饰品。装饰品越多越贵重，也证明佩戴者的身份和经济实力越强。

三、古朴素雅之男子服饰

怒族男子服饰受傈僳族影响较大，风格古朴而素雅。男子披发，发长至耳部，习惯以青布或白布包头，有在包头上缝缀红飘带的习惯。传统服饰面料为自织麻布，服装色彩以白色为主色调，黑色条纹为主。内为紧身对襟汗衫，外套宽胸无纽长衫，右衽，似和尚领，长衫后片裁剪成两层，里层与前片连接，外层披褂。袖口多见紧口。下着裤，扎系宽大腰带，一侧垂下，扎成袋状，便于盛物。足蹬草鞋。男子习惯在左耳上佩戴一串珊瑚装饰。成年男子出行必佩怒刀，挎弩弓、兽皮箭包，打以竹篾制作的绑腿，具有原始风情，尽显英武剽悍。另外，受近邻民族服饰习惯的影响，北部地区的怒族男子习惯头戴藏式毡帽，南部地区的怒族男子习惯以黑布缠头（图6-63、图6-64）。

图6-63　怒族女子，云南民族博物馆收藏，章韵婷摄影

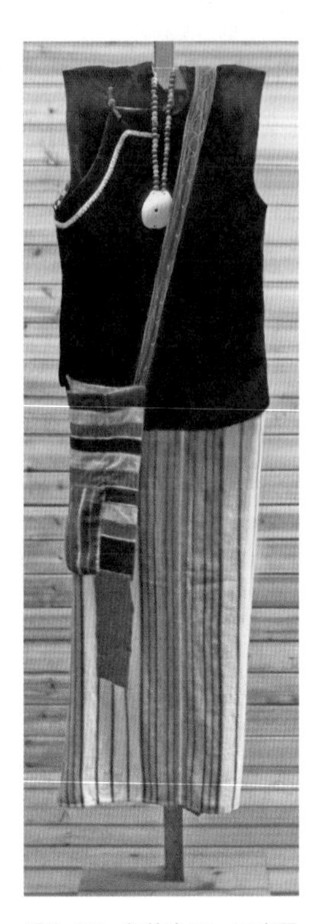

图6-64　怒族女服，云南民族博物馆收藏，章韵婷摄影

第十四节　普米族服饰

普米族，现有人口约4万人。主要聚居在云南省怒江州境内的兰坪县，丽江地区的丽江、宁蒗，迪庆藏族自治州境内的维西县。散居于云县、中甸、风庆，四川省境内的盐源、禾里等县。

一、白色为善之服饰习俗

普米族男女自古便对白色情有独钟，素有“以白为善”的习俗。表现在服饰形象上，女子习惯肩披洁白的羊皮披肩以御寒，下穿白色百褶长裙，有的喜着白色大襟短衣。男子亦肩披白色羊皮坎肩，穿白色上衣、白色裹腿。这一尚白习俗与其图腾崇拜、自然崇拜密不可分。普米族的民族图腾为“白额虎”。在普米族看来，虎年为大吉之年，虎日为大吉之日。若某个孩子出生在虎年或虎日，便被认定为贵人，其家人定会因此大摆筵席以庆祝。

普米族认为“白额虎”体现和代表了普米族的精神和气节。另外，普米族崇拜多神，将自然万物均视为神灵，特别认为天神主宰世间万物，故以天为最高崇拜对象，特别感恩天神主宰的阳光，是阳光给人类带来了光明和温暖，故天光之色白色被普米族视为神圣之色。普米族人因此将白色认定为族色，其民族名称也因此为“普英米”，即“白人”。

二、交融互渗之女子服饰

明《云南图经志书》载：“永宁府[1]……多西番[2]，民性最悍，佩刀披毡……妇女以膏泽发，搓之成缕，下垂若马鬃。”清《云南通志》载：“西番……男子编发，戴黑皮帽，麻布短衣，外披毡单，以藤缠左肘，跣足佩刀……妇女编发，缀一玛瑙，砗磲，亦衣麻披毡，系过膝简裙。”清《永北府志·卷二十五》载：“西番……男人披发向上，头戴飞缀大帽，腰佩双刀，身披毡毯。女人辫发向下，缀系红白杂，绩麻织缕为衣。”清《维西见闻录》载：“西番……妇人辫发为细缕披于后，枣大玛瑙珠，掌大砗磲各一半、绕于顶，垂于肩乳，行则纵铮之声不绝，顶复青布，下飘两带，衣盘领及腹，裙如钟掩膝。”以上史料翔实地记录了普米族的着装特色，直至今日，变化甚少。

普米族长期与白族、纳西族、藏族、彝族等杂居交融。女子的束腰大摆白色或蓝色百褶长裙就是在迁徙过程中受到藏族、傈僳族影响而衍生来的。腰间缠多层颜色艳丽的彩条腰带，以羊毛织成，其两端绣以纹样或用长条装饰，左前腰下的腰带末梢缝缀有红色长穗。上穿短款上衣，色彩艳丽，立领长袖。习惯佩戴串珠、银链、手镯、耳环、戒指、银扣等装饰，但老年妇女一般不戴饰物。宁蒗普米族妇女习惯穿藏式上衣，普米族女子的右衽上衣则是受到白族女服的影响。汉族的棉质品也给普米族服饰带来了面料上的改良。显然，普米族的服饰渗透了其他民族的服饰元素，这是文化交流带来的必然现象。

成年女子的羊毛披肩一般选用山羊皮、绵羊皮、牦牛皮制作，其中白色山羊皮最为尊贵。这一披肩具有一定的实用价值，白天为衣，坐时为垫，睡时为褥。

普米族女子发式为长辫发，牦牛毛线编入辫子之中。包巨大如帽的包头，未婚女子的包头通常为天蓝色，婚后通常为黑色。其上缀缝粉、红、紫、蓝等色毛线和串珠。前额上端点缀以粉色小花及多条白色串珠装饰。

三、简洁大方之男子服饰

普米族男子服饰风格简洁大方。上着开襟短衣，面料为麻布、氆氇、棉布等，银质纽

[1] 今宁蒗永宁。
[2] 普米族史称。

图6-65　普米族姑娘，云南民族博物馆收藏，章韵婷摄影

扣。外罩右衽布纽长衫，面料多为毛、麻、棉等。下着深色阔腿裤，多见黑色，亦有蓝色。腰部装饰亦系羊毛条纹花腰带，两端彩绣。以麻布裹腿。出门腰间习惯挎长刀，其柄上垂穗及刀鞘精美而充满英气。除了佩带长刀外，鹿皮口袋也随身携带，内装取火之物，如火镰、火石、火镜、火草等。左耳打孔，仅戴一只银耳环，还习惯戴手镯、戒指等首饰。

据相关文献记载，普米族男子辫发，并缠于头上，为增加头发容量，多以丝线将假发缠入。也有支系男子在头顶留一撮头发，并编成辫子，盘于头顶，其余部位剃光。现在的普米族男子均短发，戴圆形毡帽、大瓜皮帽、宽檐礼帽等（图6-65~图6-67）。

图6-66　普米族女子，云南怒江，要彬摄影

图6-67　村落中的普米族女子，云南怒江，刘文摄影

第十五节 佤族服饰

佤族，现有人口约42万人，为棕色人种。主要生活在云南省沧源和西盟等地，散居于西双版纳傣族自治州、德宏傣族景颇族自治州、澜沧、双江、孟连、镇康等山区，是古老的山地民族。

一、原始风情之男子服饰

佤族男子不蓄发，头部多见黑布包头。衣服为长袖或无袖，无领对襟短褂，以黑为主。其前襟、后背多见牛头纹样，以显示其威武。下穿宽松半长裤，裤脚处肥大。青年男子头戴银箍，颈戴竹藤圈或银项圈，腰佩长刀，斜挎背带。

不同地域的佤族男子服饰又有所差别。居住在西盟地区的佤族男子除了黑布包头外，还多见红布包头。上身衣服为无领开襟短衣，下裤短、宽，裤筒近半米宽，多赤足。在外显部位的肌肤上以文身装饰，如胸口、手臂文牛头纹样，手腕处文鸟纹样，腿部文山林纹样。处处显示出佤族男子的自然崇拜及审美倾向。单侧或双侧耳朵戴耳筒或大耳环，手腕处戴手镯或手链，材质为银。居住在沧源地区的佤族男子因与汉族、傣族等多个少数民族杂居，文化上得到了交融互渗，服饰上也体现了民族融合特征，不同年龄的男子服饰均以黑色长衫为主，首饰也比西盟地区佤族男子少很多，只是老者还多见缠黑包头。居住在四排山、贺派、耿宣地区的佤族男子则多戴缝系绒球的黑帽。居住在耿马地区的佤族男子，老者以黑布缠头，青年男子首服为毡帽或便帽。

二、粗犷豪放之女子服饰

佤族女子服饰风格粗犷而豪放。上穿黑色或靛青露脐短装，多数不开前襟，无领、无袖或连袖，彩绣装饰集中在领缘，以细纹波浪形最为多见。少见以野生芦谷粒在扣位处的十字形装饰，也少见大襟长袖缘边上衣。领形除了鸡心领，还有小立领，下穿黑底红色或彩色横条过膝筒裙，裙色以黑、红为主，呈宽窄不同的横条装饰，左手掩裙，腰间、小腿处绕藤圈，多赤足。

佤族女子蓄长发，秀发披肩，多以宽发箍聚拢于背后，也少见以发网拢发，有个别地区的佤族女子缠包头，脸部要全部露出。发箍是居住在西盟地区的佤族女子的最具代表性的装饰物，在我国55个少数民族中，银光闪闪的宽发箍成为佤族女子具有标识作用的头饰。其形状为中间约10厘米宽，两头窄，整体呈半月形，头箍长30厘米有余。发箍的两端以细

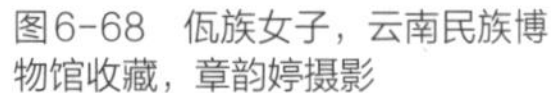

图6-68 佤族女子，云南民族博物馆收藏，章韵婷摄影

图6-69 佤族织条纹棉布贯头女服局部（20世纪50年代，云南），中央民族大学民族博物馆收藏，任晓妍摄影

绳固定，可根据头围需要进行调节。材质多为银、铝、锡质，也少有竹藤编制而成，而居住在沧源地区的佤族女子的披肩长发上则以饰有珍珠的发网网住，发网以马尾制成，轻盈而柔韧。佤族女子还习惯佩戴耳饰、手镯、项圈、项链、腰饰等装扮自身，材质多为银，亦见锡、铝、竹、藤、兽骨等。

其一，耳饰。佤族女子的耳饰以大为尚，耳环、耳坠、耳筒往往悬垂至肩。有一种大耳筒长约5厘米，伞状，在耳筒顶部镌刻有花纹装饰，通常为年龄较大女子所戴。有的地区的佤族女子还习惯在耳筒内插上花朵、小草、纸币、缝衣针等，既美观，又方便随时使用。有的老年女子的耳洞已经被坠得很大，甚至有的耳垂可至肩膀。

其二，手镯。佤族女子由于常年露臂，故习惯在手腕处戴手镯1~2只，其手镯以宽和银光闪闪为尚。通常宽约5厘米，手镯之上镌刻丰富多彩的自然万物，风格大气。而在上臂处常戴银箍或铝箍1~2只。

其三，项饰。佤族女子颈部装饰主要有两种，一是银质项圈，项圈前略粗后略细，二是数条彩色料珠项链，常见红、蓝、银色搭配。项链还见鸟羽及贝壳材质，在背包上，贝壳装饰最为多见。

其四，腰饰。佤族女子的腰腹部总是裸袒在外，为了达到装饰效果，平日习惯在腰腹部缠绕多条细藤篾圈，颜色多为红或黑色。而在喜庆佳节则改系腰带，腰带材质多见雕琢花纹的兽骨片，红、蓝、黑、白色多条细料珠，也见搭配红色细藤篾圈。

其五，腿饰。佤族女子有在小腿处缠绕多条竹藤圈的习惯。有趣的是，未成年女子随年龄增长而增加腿上竹圈的数量，即一年增加一圈（图6-68~图6-72）。

图6-70　佤族织锦女服及首饰，云南民族博物馆收藏，章韵婷摄影

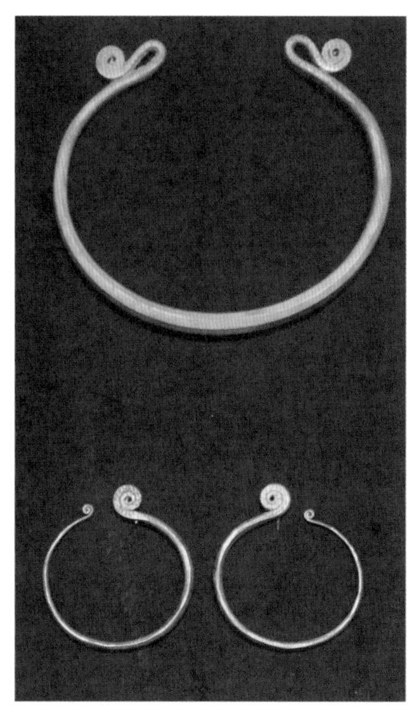

图6-71　佤族银臂箍、耳环（20世纪中期，云南西盟）❶，北京服装学院民族服饰博物馆收藏，任晓妍摄影

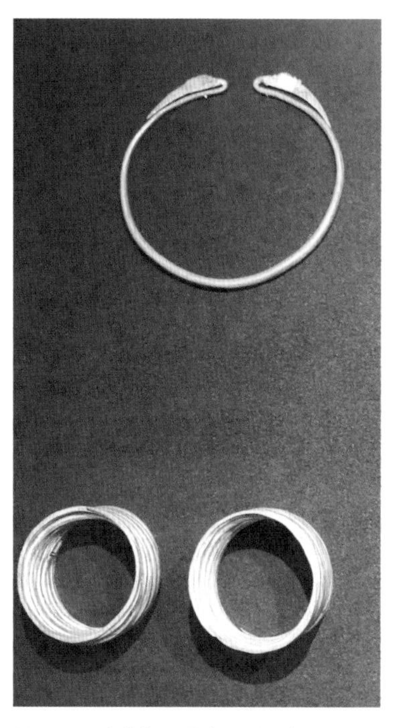

图6-72　佤族银项圈（20世纪中期，云南西盟）❷，北京服装学院民族服饰博物馆收藏，任晓妍摄影

思考与练习

1. 简述白族女子首服特色。
2. 绘制傣族孔雀或大象纹样。
3. 简述德昂族女子腰饰特色。
4. 简述独龙毯的实用性和美感。
5. 试述哈尼族服饰中的梯田文化的体现。
6. 简述基诺族女子的服饰特色。
7. 绘制景颇族胸饰或挎包。
8. 绘制傈僳族尾饰。
9. 绘制纳西族女子“披星戴月”之背饰，并阐述其寓意。
10. 任选服饰特色进行现代服饰设计。

❶ 此套饰物为银质，造型明快古朴，体现了佤族银饰的特点。佤族装饰品虽然简朴，但装饰部位很多，饰品随身而戴，喜在上臂和手腕上饰以银镯或藤圈。

❷ 此项圈为银质，錾花工艺，简洁大方，项圈顶部两端的长三角造型处錾刻有仙鹤的纹样。

基础理论

第七章　广西壮族自治区民族服饰

课题名称： 广西壮族自治区民族服饰

课题内容： 仡佬族服饰、京族服饰、毛南族服饰、仫佬族服饰、瑶族服饰、壮族服饰

课题时间： 4课时

教学目的： 本章主要讲述以上6个少数民族服饰中最具特色的内容。重点讲述民间手工织锦等技艺。

教学要求： 1. 了解以上6个少数民族服饰的特点。

2. 自选角度进行服饰分析或专业写作。

3. 任选以上少数民族服饰特色进行现代服饰设计。

课前准备： 1. 了解广西壮族自治区的主要气候特色及手工艺主要特色。

2. 收集与整理以上少数民族与服饰相关的省级以上的非物质文化遗产名录。

第一节 仡佬族服饰

仡佬族，现有人口约55万人，主要聚居于贵州省与四川省交界处。其发祥地在贵州省务川仡佬族苗族自治县。该县及道真仡佬族苗族自治县也是现在仡佬族的主要分布区。在贵阳市、遵义市、六盘水市、毕节、安顺、铜仁、黔东南等地也有仡佬族的分布，另外，少数仡佬族人散居于云南省和广西壮族自治区。

一、地区差异之服饰标识

仡佬族由于自古居住相对分散，故其传统习俗，尤其是服饰存在着地区差异，不同地区及支系所着服饰色彩不同，按其色彩之别有“红仡佬”“青仡佬”“花仡佬”“白仡佬”直观分类。有一部分仡佬族被称为“披仡佬族”，其名亦跟服饰有关。这一分支的仡佬族，无论男女均穿五色羊毛无褶皱筒裙，此裙是以一幅布横连或由两幅布拼合而成，穿时将裙子至头部贯穿而下，故又名通裙，南宋时被称为仡佬裙，明朝时称为筒裙。外披无领无袖款方袍，即仡佬袍。该袍前短后长，为整幅青布，形似布袋，头部、两手均从相应开口处伸出，款式较为原始，袍上缝缀海贝进行装饰。根据特殊的传统习俗，仡佬族还有“剪头仡佬”“打牙仡佬”之称。“剪头仡佬”是将女孩额头上的头发剪短至一寸长，以此作为未婚的标志。而“打牙仡佬”有“凿齿”陋习。即姑娘在出嫁之前，要打掉自己的两个门牙，并留在娘家。民间认为，若女子不凿齿即嫁到夫家，对丈夫不利。从其审美角度考虑，“打牙仡佬”认为凿齿提升了女子的美感，故而流行。

二、服饰交融及织染技艺

清代，仡佬族受到满族和汉族两种服饰文化的影响，女子发髻之上以头巾包裹，头巾后穗垂至肩背。仿效汉族女子缠足，且穿绣花小布鞋。男子穿长至膝下长袍，斜襟、圆领、布纽，劳作之时将长袍底摆掀起扎系在腰间，非常方便。丝绸马褂上呈现团花装饰。多为包头，未婚的小伙子有以金鸡羽作为头饰的习俗。女子传统衣饰上呈现满族服饰花边装饰，宽窄不一，有“大镶绲”和“小镶绲”之别。在衣身、小围腰上绣有层次丰富、题材各异的纹样，工艺体现为蜡染或彩绣。多见规则菱形、长条形等，满绣为多，几乎不见底布。

仡佬族妇女能纺擅绣，多见染成青蓝二色的家织麻布做成的衣饰，还掌握蜡染等技艺。仡佬族自织自染的面料为葛、麻、丝、棉、毛等天然织物质地。具有质朴大方、结实耐用的特点。男子习惯穿短款衣衫，女子衣衫有长有短，长袖衬衫较为多见，其外穿半长袖外衣，再穿对襟坎肩，下着裙。未出嫁的姑娘有以海螺串珠为饰的习俗。

三、椎结发髻之民间传说

仡佬族的传统发式，以椎结为特色，即将头发梳成发髻。仡佬族姑娘出嫁后便把辫子挽成髻，以青线束发，或以布带盘成锅圈状。男子发式，有的头顶"绾髻"，有的"盘顶椎发"。

在广西罗城一带有个传说：古时，此地的大森林里住着一个头发很长的大猕猴。但它很笨，根本不会自己梳头，头发总是乱蓬蓬的，还有很多虱子。它每天都在山道口上等进山干活的姑娘，硬拉住人家帮自己梳辫子。如若不肯便会被吃掉。村寨中有一位聪明、勇敢的姑娘叫侬秀。一天，父亲病了，不能上山砍柴卖钱了，此时家中已无米下锅。侬秀便决定亲自上山砍柴。当她砍了一大担柴走到山下时，被笨重的大猕猴截住，大猕猴一定让她帮自己梳头。侬秀把它哄骗到大树下，建议上树梳头，说这样梳方便，又干净。大猕猴答应了。于是侬秀坐在高一点的树杈上，把它的长发一把一把绑在树枝上，便溜走了。大猕猴老半天无法挣脱，只好硬往树下跳。这一下头发被拔秃了，疼得它乱叫。于是它发誓要把村里姑娘的头发都拔光。侬秀得知后，遂告诉姐妹们往后出门一定要把长辫子挽成一个髻，结在脑后，再用细丝网网起来，最后再用青布巾包上。姑娘们照办，果真无一人受到大猕猴的伤害。从此，仡佬族姑娘便有了结发髻的装束，男子亦然，流传至今（图7-1、图7-2）。

图7-1 仡佬族红色桃花边绣花女服（20世纪80年代，贵州务川），中央民族大学民族博物馆收藏，叶芳萍摄影

图7-2 仡佬族桐箫（贵州镇宁），中央民族大学民族博物馆收藏，叶芳萍摄影

第二节　京族服饰

京族，是我国人口较少的民族之一，现有人口不足3万人。主要聚居在“京族三岛”，即山心、沥尾、巫头三个小岛。散居于邻近的合浦县及江平镇所辖诸村落，如和江坝、谭吉、恒望、竹山等。多信仰道教，少数信奉天主教。

一、简便飘逸之男女服饰

京族服饰适于水中渔猎及劳作，既朴素又实用，具有简便飘逸的美感。男女均穿长裤，束腰带，其裤管都非常宽阔，宽阔度上男女无异。水中劳作时方便卷起，陆地上，放下裤管，既通风凉爽，亦防止暴晒。裤子多为黑色、棕色等。

女子日常上衣为白色或浅淡色彩，款式为无领、对襟、长袖、紧身，纽扣三粒，内衬菱形遮胸布，又名“掩胸”是一块刺绣花纹的小布，年轻人一般用红色，中年人一般用浅红、米黄色，老年人一般用白色、蓝色。而盛装外衣为对襟长衫，紧身窄袖，形似旗袍，两侧开衩很高，直接开到腰线部位，穿着方式灵活多变，如需要下水或劳作，即可将前后两片衣襟打结于腰部，可扎成蝴蝶形，而上岸即可解开，瞬间变成长衫，非常奇妙。这种长衫多以丝绸制作，透气性好，柔软而滑爽，适合海边气候，且凸显女性形体之美，多见天蓝、粉绿、粉红等色。妇女有染黑齿习俗。

男子衫长过膝盖，同女衫一样，两侧开衩很高，平时劳作将前后两片衣片在腹部打结成球状，随时可解开，洒脱而俊逸。无领无扣，颜色多见浅青、淡蓝、浅棕，裤子习惯着黑色，裤裆较女裤长，几乎至膝盖。袒胸束腰，腰带少则一条，最多六条，以腰带多少显示富贵和才干。

二、渔乡风情之传统木屐

京族人常年生活在海边，无论贫富贵贱均有赤足的习俗，洗澡或雨天不出海时才偶穿木屐。在屐中除了木头材质，还有以棕树皮织制的“棕屐”，多为老人穿着。

关于木屐，民间有恋人“对木屐”的习俗，这一习俗源于一个凄美的传说：古时，岛上有一位擅长绘画的京族姑娘，乡亲们都很欣赏她的作品。很多人向她讨画，姑娘总是有求必应。大家都称她为“巧姑”。巧姑爱上了同岛上的一位勤劳朴实的阮哥。小伙子的祖父去世时欠下渔霸一口棺材钱，父亲便去做长工来抵债。可是利息太高，父亲死后都没还上。小伙子只好继续给渔霸当长工。巧姑和阮哥两人情投意合，乡亲们无不称赞。两人商量早日还清债务，不再做长工。阮哥便决定去深海捞珍贵的“白海参”卖钱。辞行那天，巧姑送给他一对画满五色花草的漂亮木屐。阮哥小心翼翼地放入怀中一只，留给巧姑一只，便走了。21天后，焦急的巧姑听说前天深海那边有大风暴，她担心极了，怀揣木屐摇着一只小船出海找阮哥去了。她边摇边喊，三天三夜后，终于累得昏迷过去，掉入海中。乡亲们得知这对恋人均出海未归的消息，便全村出动找巧姑和阮哥。很巧，大家同时找到了两人的尸体。当大家把尸体抬上船时，两只花木屐各自从怀中掉到海里。人们刚要捞起，大浪冲来，把两只花木屐冲得不知去向。此后，海里有了五光十色的贝壳，人们说这美丽的贝壳是巧姑画上花草图案的花木屐变成的。人们被两人的情谊感动。岛上的男女互相中意后，便用互赠画有花草的彩色木屐来表达自己的真情实意。京族人把这个风俗叫作“对木屐”。

三、尖顶斗笠及头部装饰

京族女子头戴三角尖顶斗笠，这是京族具有标志性的首服。多选用越南葵树叶制作，虽内斗很深，面积宽大，几乎遮挡住整个脸部，但仍轻盈便利，非常实用，既可防止海边骄阳暴晒，亦可用于挡雨。搭配主服，整体形象和谐、美观。京族还有一种圆顶礼帽，黑色或棕色，当地称为“头箍”。

14岁的少女即开始梳分头，在头部正中平分，编辫缠结于后脑，以黑布条或黑丝线一起编入发辫之中，从左向右盘于头顶，其状似砧板，故名“砧板髻”。在京族，女子盘结“砧板髻”和戴上耳环，即标志着成年。虽然戴耳环要在14岁时进行，但女孩子六七岁时就要穿耳洞了，京族人非常重视给女孩子穿耳洞的时辰选择，会请专人在端午节当天上午进行。这是因为，京族人认为，这个时间有“龙王水”，穿耳洞最吉利（图7–3、图7–4）。

图7-3　京族尖顶斗笠，中央民族大学民族博物馆收藏，黄佳璐摄影

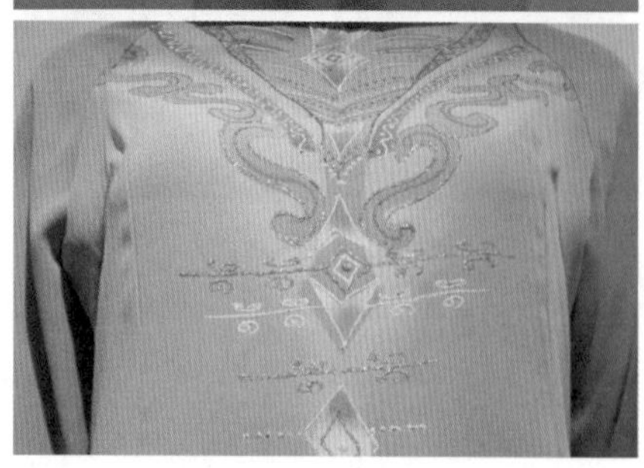

图7-4 京族纱质彩绘几何纹女服，中央民族大学民族博物馆收藏，黄佳璐摄影

第三节 毛南族服饰

毛南族，在我国属于人口较少的山地民族之一，现有人口约10万人。主要分布于广西壮族自治区的环江、河地、南丹、都安等地，其中以茅难山为中心的环江县上南、中南、下南一带最为集中。毛南族多崇拜诸神，也信仰道教，少数信仰基督教。

一、定情信物之特色竹帽

毛南族的花竹帽最具有本民族特色，是具有标识作用的服饰品及工艺品，当地称之为“顶卡花”，男女老少均戴之，姑娘们更是把它当成主要的装饰物。直径在55厘米左右，其材取自毛南族生活所在地盛产的特色金竹和水竹。将其破篾后经纬编织，形成表里两层，利用两种竹子的色泽不同而在帽底编花，工艺精湛。“顶卡花”首先具有实用功能，既可遮雨也可防晒，其次，在毛南族民间，还是定情信物，意义非凡，传承至今。

在毛南族民间，关于“顶卡花”有这样一个美丽的传说：一个夏天，北方大雨成灾，很多人逃荒南来。有一个叫金哥的汉族小伙子远逃到毛南族的居住地，他非常勤劳，独自垦荒种地。这年的冬天，金哥上山砍竹子，做一些竹器到圩场上卖。他发现山上有一种金竹和一种墨竹，竹节又长又直，遂砍了一些回来，破成又细又薄的篾子，黑黄相间，精心编成了一顶花竹帽。次年清明后的一天，金哥头戴这顶花竹帽上山刨地，恰巧碰到一位美丽的毛南族姑娘谭灵英也上山干活。当天中午，天突降大雨，灵英慌忙跑到地边摘下一张山芋叶子遮头，但雨很大，灵英浑身上下很快就湿透了。金哥看见后，便叫灵英到帽子下躲雨，帽子刚好遮住两人的头部。一会儿，雨停了，姑娘仰头看这顶帽子，惊讶地叫道："顶卡花（毛南语，是帽子底下编花的意思），好美的顶卡花！"金哥便把这顶帽子送给姑娘作为定情之物。后有毛南族歌手为此编唱歌曲："金丝竹子根连根，恩爱情人心连心；有缘千里来相会，送顶卡花定终身。"

二、服饰特色及多彩装饰

毛南族男女均习惯穿自染的蓝色或青色大襟或对襟上衣。日常服饰中，白色为服饰禁忌，有不祥之意，故只限孝服穿用。

女子穿镶有花边的右开襟上衣，花边或粗犷或细腻，各具美感。袖口、裤脚部位镶缝或红，或蓝，或黑色花边，或饰条，穿宽松长裤，腰间习惯扎系小围裳，绣花装饰。婚前辫饰，婚后梳髻。毛南族女子非常喜爱绣花鞋，其中最为精致，搭配盛装穿着的式样主要有三种，即"双桥""猫鼻""云头"。"双桥"，即以红、绿二色在鞋面上镶缝两道花边，似两座石桥。"猫鼻"，即鞋尖似猫的鼻子。"云头"，即在鞋面上刺绣云朵纹样。平日里，毛南族普遍穿黑色布鞋、草鞋。

在毛南族妇女、孩童的装扮中，银制饰品不可或缺，如手镯、耳环、项圈、环饰、簪子、钗子、梳子、帽花、牌子等。许多银饰蕴含不同意义，如孩童佩戴银锁，寓意驱邪避灾。女子戴上耳环，表示已订婚或出嫁。

男子最有特色的服饰为五扣衣，即缝有五颗铜扣的上衣，领口一颗，右襟三颗，肚脐一颗，右衽，无镶边装饰。暗缝衣服口袋于右衣襟内。盛装时，头巾和腰带成为重要装饰，头巾长2.67米（八尺）左右，由左至右规律缠绕，一端留有布须装饰。腰带亦长2.67米（八尺）左右，黑色，腰带两头露出布须装饰，为红、黄、蓝、白绒线而成的齿形。足蹬布鞋，白底黑面，干练而舒适。

三、禾剪与针之独特装饰

在广西环江一带有这样一个传说：远古时候，毛南族所居住的村落时常会有虎狼伤害人畜。一日，一位妇女腰间挂着常备的针筒，手拿放有一把禾剪的提篮，背着孩子上山剪藤叶。她清晨出发，但夜里仍未归。家中人点起竹篾火把，到四面山脚下呼喊，可是没有任何回音。乡亲们都赶来了，大家一起点起火把上山寻找。在半山腰上大家找到了妇女的提篮，提篮里的藤叶撒了一地，藤叶上还粘有点点血斑，在地上还发现了老虎的脚印，大家知道事情不妙，便顺着老虎的脚印一路找去，在一块平地上，看见野草、树苗、碎布片被践踏得一团糟，旁边躺着一只死老虎。大家断定母子俩已被老虎吃掉了。可是不明白老虎怎么会死。为了找到母子俩的一点碎骨，他们破开老虎的肚子，把它的肠胃全都挖了出来，在血肉模糊的胃里捞到了一把禾剪和针。这时乡亲们恍然大悟，原来是禾剪割破了老虎的胃，针刺穿了老虎的肠子。事后，便有了妇女们在背带上别一把禾剪和一根针的习俗，后来出于美观考虑，便把禾剪和针打制成银制的，说是用这种背带背小孩，老虎看见了，就不敢过来扑食。这种装饰品流传至今（图7-5、图7-6）。

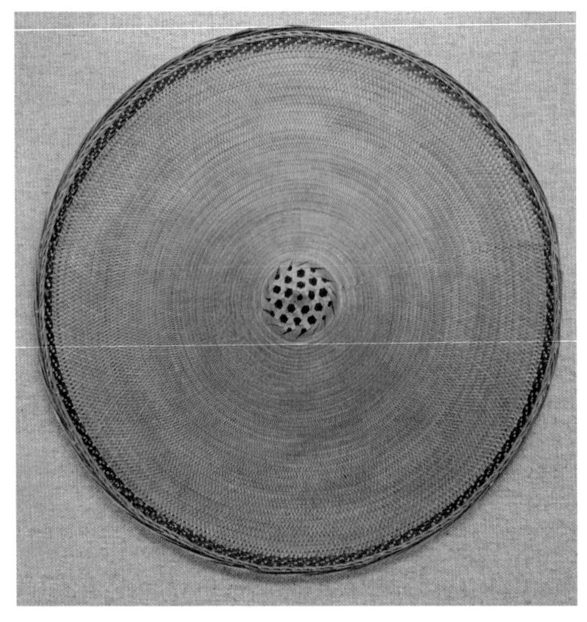

图7-5 毛南族竹编斗笠，上海博物馆收藏，厉诗涵摄影

图7-6 毛南族对凤飞龙纹锦（19世纪晚期），北京服装学院民族服饰博物馆收藏，施慧摄影

第四节 仫佬族服饰

仫佬族，历史悠久，史籍记载最早可见魏晋时。现有人口约21万人。主要聚居在广西壮族自治区的罗城、宜山、忻城、柳城、环江、河地、都安几县。在贵州省的贵定、荔波、都均少有分布。长期与汉族、壮族交融杂居，文化上互相渗透与影响，但其服饰仍留有本民族特有的风格。

一、朴素无华及以青为尚

仫佬族服饰朴素无华，年轻女子头上多见辫发或梳髻。上穿短及腰部的大襟衫，其上施宽边缘，或接缝花布装饰，袖背上多以鳞状绣纹装饰。上衣外系兜肚，其上绣以梯形纹样装饰。下穿长裤或无褶筒裙，足服为绣花钩尖鞋。老年妇女多以青布包头，腰系围裙，其上绣有精美花纹。男子服饰体现出与汉族、壮族等民族的融合浸润，头上缠黑色或深色包头巾，头巾一侧垂至肩膀。或戴由六片三角形布片拼合而成的青色帽子，整体轮廓呈碗形。上衣为对襟款式、下着深色长裤，扎系腰带。年长者男子多穿琵琶襟上衣，戴硬壳平顶碗帽，传统足服多为草鞋。

仫佬族男女独爱青色，以青为尚。仫佬族的传统服饰用料，直至成衣均由勤劳聪慧的仫佬族劳动妇女完成。如棉花及蓝靛的种植、采摘、熬煮、纺线、织造、染色、裁剪、缝制等。仫佬族非常珍爱自己民族的蓝靛染成的土布。关于染色方法，是将织好的约两丈长的土布放入蓝靛染缸，经过染晒的多次重复，待色泽均匀后，再涂以米汤、薯莨、牛皮胶糊面等材料，将布晾干后，再用石礤反复滚压或棒槌反复敲打，最终完成的土布呈现闪光发亮的特点，既美观，又结实。送嫁衣，即在姑娘出嫁之前就要备好的两三套服饰，就是以蓝靛染成的土布制作而成。在女子一生中意义非凡，故染色、制作工艺精湛考究，耗时较长，仫佬族姑娘只有在出嫁时或作为伴娘时才将送嫁衣取出，小心翼翼地穿在身上。

二、银玉首饰及自制鞋帽

仫佬族妇女喜爱以银质或玉质的饰品装饰自身。银制首饰主要包括：用于发髻之上起到固发作用的银针、银钗等，银针一端粗一端细，长约10厘米（三寸）；而银钗的钗头为银花点缀，大小如铜钱，银花上饰有由精细银丝盘卷而成的柱状条，柱顶端以小绒球装饰。仫佬族女子的银首饰中常见银簪、银环、银镯、银戒指等。而玉制首饰主要有玉簪、玉镯等。

仫佬族的鞋子、帽子多为妇女手工缝绣而成。仫佬族妇女能将女士的尖头绣花布鞋缝绣得如工艺品般精致，鞋的尖头处以彩丝绣出自然界中的花鸟鱼虫，充分体现出仫佬族人民对大自然的热爱和对美好生活的向往。妇女的尖头绣花鞋，加之仫佬族儿童襁褓的精美刺绣，一并成为仫佬族服饰中最具代表性的服饰品及工艺品。仫佬族自制及自绣的布鞋主要有“云头鞋”“猫头鞋”“单梁鞋”“双梁鞋”代表式样。除了绣花布鞋外，仫佬族男女还习惯穿柔软舒适的草鞋，草鞋亦是仫佬族民间代表性编织工艺，材质主要包括竹麻、黄麻、禾秆心等。以竹麻草鞋最具代表性和普遍性。

仫佬族的手工服饰品，除了鞋子，还有帽子。在日常生活及生产劳动中，帽子用途非常广泛，既可遮阳，又可挡风避雨。所以，仫佬族自古就有戴帽子的习惯。心灵手巧的仫佬族妇女将帽子做成方形、六角形、圆顶形、尖顶形等多种款式。以杨梅竹帽最为精湛和最具标志性（图7–7）。

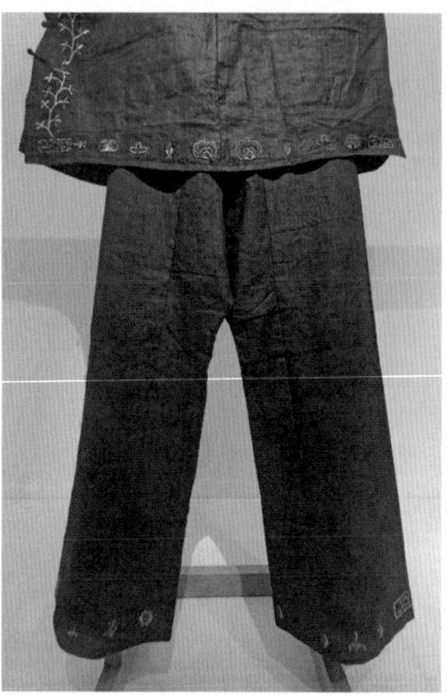

图7-7 仫佬族土布绣花边女服局部（20世纪60年代，广西罗城），中央民族大学民族博物馆收藏，诸秀雯摄影

第五节 瑶族服饰

瑶族，历史悠久，且在《后汉书》等古籍中多见记载，现有人口约279万人。瑶族人口分布呈现“大分散，小集中”的特点。主要聚居于广西、广东、云南、湖南、贵州等地。2011年6月9日，瑶族刺绣经国务院批准列入第三批国家级非物质文化遗产名录[1]。2014年11月11日，瑶族服饰经国务院批准列入第四批国家级非物质文化遗产名录[2]。

一、五色衣裳及丰富式样

瑶族服装常饰以五色丝线的绣花，古有“瑶好五色衣裳”之称。瑶族男女服装式样因散居各地及诸多支系的不同而各具特色，从式样上看，约有近百种之多。

瑶族女子心灵手巧，刺绣技艺精湛。在瑶族男女服饰上的多个部位均绣有精美的纹样，并围以五色细珠。还常出现满绣花纹，美不胜收，最具代表性的是“织彩带”。在女子头部、前胸、裙摆、腰带等部位应用广泛。瑶族服饰纹样五彩缤纷，取材广泛，如花鸟鱼虫、几何图案、人物形象等。

[1] 类别：传统美术；编号：Ⅷ-105；申报地区：广东省乳源瑶族自治县。
[2] 类别：民俗；编号：X-67；申报地区：广西壮族自治区龙胜各族自治县。

瑶族尚青，唯独广西龙胜红瑶女子尚红。上身穿短衫，颜色为玫瑰红，以腰带束身，颜色鲜红。款式为交领、无扣、底摆两侧开衩，窄袖至腕，下配长裙。广西凌云县瑶族女子衣身较长，穿着时习惯将前襟掖入腰带内，颇具现代感。广西南丹瑶族女子上穿无袖窿坎肩，即腋下不连缝，前后片悬垂，下配短裙。盘瑶各支系女子上衣长短不一，左右对开襟，腰间扎系腰带。南丹白裤瑶女子胸前背后各垂一块布，形成衣片，其上刺绣朱红色的方形纹样，如回形纹、正字纹、卐字纹等几何形状，前后衣片侧缝处不缝合，但有布带系扎。瑶族女子的佩饰以银为主，如银牌、银项圈、银手镯、银耳环等。

瑶族成年男子习惯蓄发盘髻，以青布或红布包头。上穿无领对襟长袖衣，下穿裤或裙。广西南丹县大瑶寨白裤瑶男子穿白色灯笼裤，这种裤子裆部肥大、裤管收紧，适于爬山越岭及疾行狩猎。广西田林县木柄瑶男子上穿短衣，款式为左衽、白带束腰，下着裤脚镶白边的长裤，外配百褶裙。

二、纷繁复杂之丰富首服

长久以来，瑶族男女均蓄发，梳成椎髻盘于头顶。广东连南地区男子蓄发盘髻，以红布包头，插数支野雉翎毛于包头之上，干练而威武。而瑶族女子的首服最为讲究，因支系不同而各有不同，纷繁复杂。例如花头瑶女子裹白边绣花方帕，饰以玫瑰色长及肩部的穗丝。过山瑶女子，其传统发式及首服为剃光头发，戴黄蜡为原料的角帽，以布帕遮覆。而茶山瑶女子头戴沉甸甸的两端上翘的三条弧形大银钗。坳瑶女子头戴梯形竹壳帽，其四周插有五支银发簪，并缠绕银质链条装饰。红头瑶男童及女童戴圆形平顶花帽，女子则剃光头发，用红布盘缠巨型包头，足有两三公斤重，故而又得名“大红布包头瑶”。盘瑶女子多戴三角形的帽子。这种帽子先用竹篾和麻藤编成帽型，然后蒙上布，绣织各种花纹图案而成。据说此帽可以驱邪镇怪。

传说，盘瑶的祖先居住在虎豹经常出没的深山密林之中。一个夜里，男人们都外出打猎，家中只剩下妇女和孩子。突然有老虎闯进了村寨。妇女们被惊醒后，慌忙地用木棍、农具等驱赶老虎。可老虎根本就不怕，反而更加凶猛地向大家扑来，危急时刻，勇敢的盘瑶妇女急中生智，顺手抓起火塘上的三脚架，朝凶猛的老虎用力砸去，正巧套住了虎头，老虎被这奇怪的东西吓坏了，转身就逃。三脚架保住了村寨妇女和孩子的性命，后来用以象征逢凶化吉之物，三角帽便流传下来。

总之，瑶族首服非常丰富，女子首服十分讲究，呈纷繁复杂、异彩纷呈之态。

三、五指白裤及王印图案

瑶族男子服饰与某些西南民族服饰近似，但也因居住地区不同而各有特色，如广西南丹地区的男子，穿长过膝盖的白色灯笼裤，上绣红色竖条花纹，他们因此又被称为“白裤瑶”。

相传，白裤瑶的祖先最初生活在金城江（今河池附近）一带。有一年，当地的一个横行霸道的莫家土司无理取闹，硬逼白裤瑶人搬家，说白裤瑶祖祖辈辈居住的这片土地是他家的，一定要收回。瑶王据理力争，不肯搬家。土司遂派兵对其进行猛烈围攻。瑶王也组织全寨子的人拿起武器，保卫家园。但终因寡不敌众，伤亡很大，最后只得背井离乡，向西北面深山逃去。来到一个凄凉之地，此处山高林密，荒无人烟。想起美好的家乡被占，众人都伤心地痛哭不止。由于连日的奔逃劳累，瑶王很快就靠着山石睡着了。忽然，一位老者来到他面前，说：“这里有山有水，是个好地方。有山就可以打猎。有水就可以种地。过不了几年，这里就会变成好家园的。”瑶王一听，茅塞顿开，不觉将满是血污的双手往膝盖上一拍，大叫一声：“好！”睁眼一看，原来是一场梦。不过仔细观察周围环境，正如老者所言。遂命令大家在此安营扎寨，长期居住下来。这里就是今天的瑶寨南丹。瑶王的那条白色裤子，膝盖以下已被荆棘撕刮掉了，变成了白色短裤，留下了两个鲜红的五指印。后来，人们为了纪念瑶王，就按照他当时那条裤子的模样制成短裤，并在膝盖上面用红丝线绣了五根红条条，象征瑶王的五个手指印，流传至今。

而居住在广西南丹、河池以及贵州荔波县的白裤瑶妇女，夏装的背饰是用丝线绣成的一大块方形的图案，俗称“瑶王印”。这个有趣的图案来源于一个传说：很久以前，年过六旬的瑶王视爱女为掌上明珠。在女儿15岁时，瑶王便按瑶家习惯，出榜招婿。方圆百里来应招的小伙子多得数不清，但公主却一个也没看上。而最后，公主突然一眼看中了从山那边来的一个英俊、健壮的小伙子，与他成婚生子。外孙一天天长大，瑶王倍加疼爱，为了哄孩子开心，竟把装大印的木匣拿给孩子玩。一天，女婿提出要带妻儿探家，当时孩子哭闹不止，女婿便提出带走木匣给孩子玩。瑶王为了小外孙，也没多考虑，便同意了。谁料到，这个女婿就是仇家莫家土司的儿子，莫家土司趁瑶王招婿之机，派儿子前来，先是骗取瑶王的信任，并施计盗取王印，很快便派兵包围了瑶寨。瑶王没了印，一时无法调兵，结果惨败而逃，终因伤势过重，不久去世。此后，瑶家不忘这夺印之仇，妇女们就在自己的衣背上绣上了这“瑶王印”。取瑶家大印永留人们心中之意（图7-8~图7-18）。

图7-8　瑶族女子，云南民族博物馆收藏，章韵婷摄影

图7-9 瑶族狗尾衫[1]（20世纪早-中期，贵州从江），北京服装学院民族服饰博物馆收藏，汤泽婧摄影

图7-10 瑶族挑花银饰女服，上海博物馆收藏，郑卓摄影

图7-11 瑶族女篮瑶绣花女衣裤（19世纪中期，广西金秀），北京服装学院民族服饰博物馆收藏，汤泽婧摄影

图7-12 瑶族（白裤瑶）男女服饰，柳州博物馆收藏，李金莲摄影

❶ 瑶族支系较多，服饰亦丰富多彩。其中狗瑶女子身着狗尾衫，上衣前襟长至膝下，两端精心缝制若狗尾，穿时两襟在胸前交叉，系结于腰后，狗尾自然垂下。这种服饰与瑶族崇拜“盘瓠”有关。

图7-13　瑶族服饰传承人李素芳形像，李素芳提供

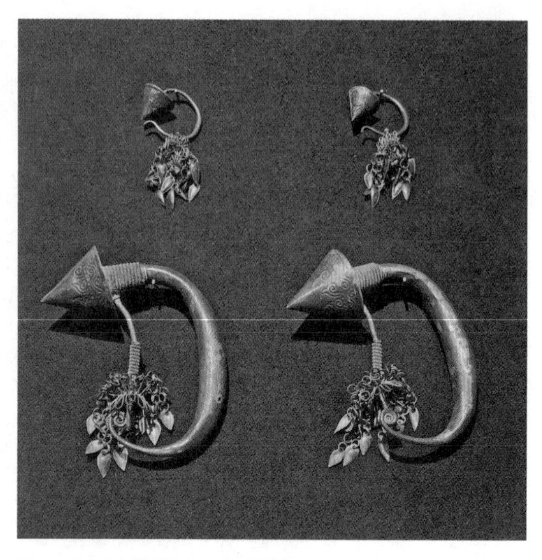

图7-14　瑶族银龙耳环（19世纪晚期，广西），北京服装学院民族服饰博物馆收藏，汤泽婧摄影

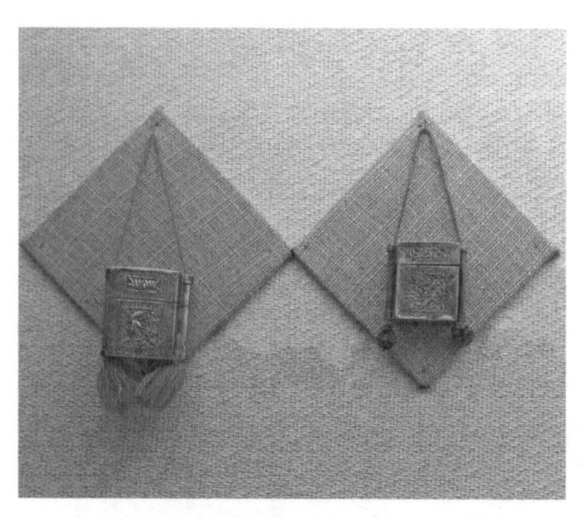

图7-15　瑶族银火柴盒，柳州博物馆收藏，李金莲摄影

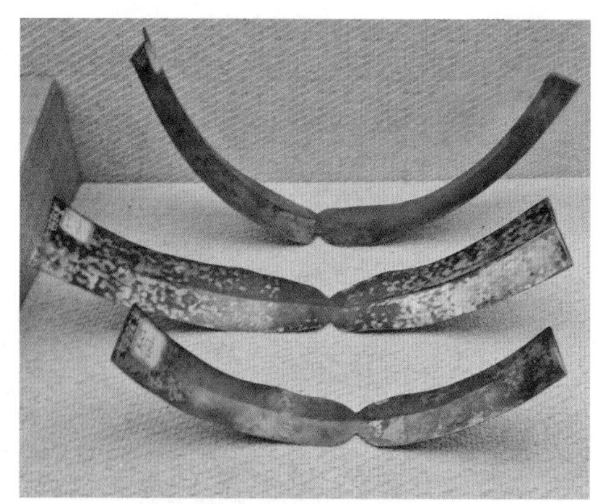

图7-16　瑶族头饰银牌，柳州博物馆收藏，李金莲摄影

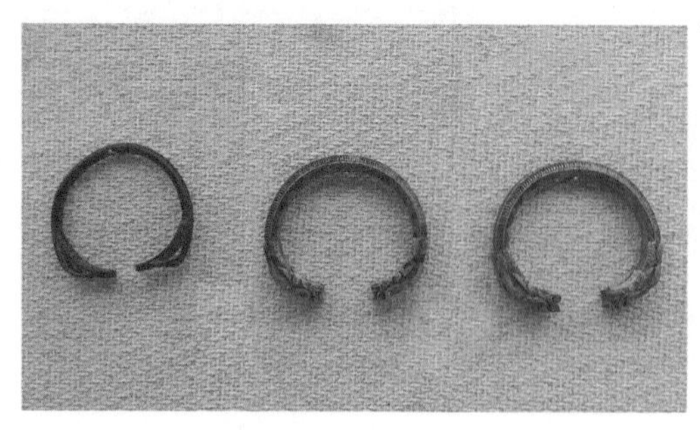

图7-17　瑶族龙头手镯，柳州博物馆收藏，李金莲摄影

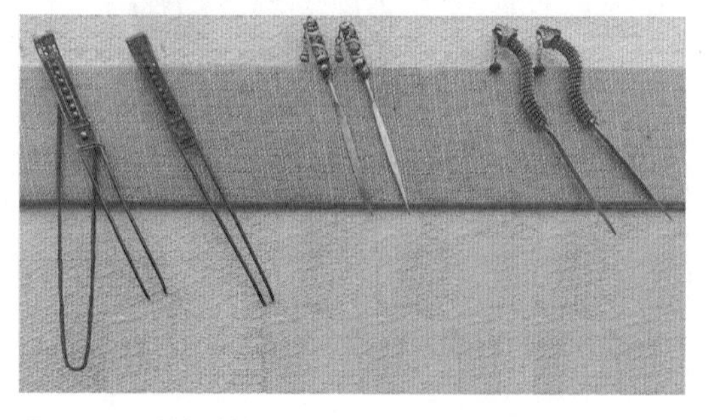

图7-18　瑶族银头簪，柳州博物馆收藏，李金莲摄影

第六节　壮族服饰

壮族，历史悠久，其族源可追溯至春秋战国时期，是我国少数民族中人口最多的民族。现有人口约1692万人。主要聚居在广西壮族自治区，云南省文山壮族苗族自治州。云南、广东、湖南、贵州、四川等省区均有分布。有一部分壮族人长期与汉、瑶、苗、侗等民族杂居一处，形成交融互渗的文化特征。2006年5月20日，壮族织锦技艺经国务院批准列入第一批国家级非物质文化遗产名录[1]。

一、精美壮锦及灵感来源

图案别致、结构严谨、色彩斑斓、做工精巧的壮锦是壮族典型的手工艺品之一，其图案丰富而精美，寓意吉祥，如狮子滚绣球、鲤鱼跳龙门、二龙戏珠、凤穿牡丹、蝴蝶恋花、鸳鸯戏水、双凤朝阳等。而自然花卉也是壮锦的主要表现内容，如牡丹、石榴、梅花、兰花、莲花、菊花等。通常以艳丽的大红、橘黄、翠绿等色为底，金黄、湖蓝、桃红等色加以点缀，常见颜色还有红、蓝、黄、紫、绿等。当地人的挎包与背兜多以壮锦为面料。

关于壮锦的由来，有这样的传说：很早以前，在壮乡有个纺纱织布能手达吉妹姑娘。她对自己的技艺有很高的要求，经常为所织出的布没有漂亮的花纹而苦恼。一日，她到村外散步，看见一张结在棉枝上的蜘蛛网，上面沾着无数小露珠，在太阳光的照射下，五彩纷呈，美丽极了。聪明的达吉妹茅塞顿开，急速回家坐在织布机旁，用各色彩线织出了带有漂亮花纹的布匹，这就是壮锦。因为有了这段奇遇，便激发了这位姑娘的智慧与创造，才使得我们今天能看到如此精美绝伦的壮锦。

二、服色尚青及五色绣花

壮族传统服饰以蓝黑色最为多见。《广西通志·卷二十七》载："男女服色尚青，蜡点花斑，式颇华，但领、袖用五色绒线绣花于上。"男女上衣均习惯穿白色或浅色，多见对襟结构、扣襻或铜纽连接。下着黑色宽松长裤，裤脚绲边绣花装饰。习惯赤足或穿草鞋、布鞋。

男子出行习惯戴斗笠，上衫对襟，也有右襟，对襟衫较短，劳作时穿着。右襟衫的衣襟从腋下开至腰部，又改为正中开三四寸，缝铜纽扣，衣襟缘边处镶缝约一寸宽边绣花装饰，束以宽长腰带。男子礼服为内穿长袍，外套短褂。

---

[1] 类别：传统手工技艺；编号：Ⅷ-20；申报地区：广西壮族自治区靖西县（现为市）。

女子心灵手巧，能织善绣，植棉、纺纱、织布、染色样样精通。以大青、薯莨等天然植物为染料。上衣为无领对襟或右襟，已婚妇女内穿刺绣花边兜肚，胸前两对扣襻装饰，长至膝盖，衣襟缘边及袖口加2~3道刺绣边条装饰，习惯在腰间挂一个穗形筒，与钥匙等随身小物件相连，裤脚亦宽边绣花装饰。中年妇女上山劳作时习惯穿自制猫耳布鞋，似草鞋，用一条带子将鞋耳与鞋跟相连，可根据脚的大小进行调节。

未婚女子蓄长发，梳刘海，偏分头发，以发卡固定。也见扎长辫，辫尾扎彩巾，根据劳作需要，随时将发辫盘至头顶。已婚妇女梳龙凤髻，头发由后向前拢，插以横簪固定，再裹缠头巾，多为黑色或花色。中老年妇女梳髻，戴绣花勒额。

三、特色独具之“枷”“锁”首饰

广西壮族女子在隆重场合所穿的服装式样和装饰可谓是特色独具，尤其是首饰，形似“枷”“锁”，包括发簪、项圈、项链、耳环、手镯等，大多为银制的，竟达500克以上。

图7-19　壮族女子，云南民族博物馆收藏，章韵婷摄影

相传在宋朝，狄青率兵南征今广西一带，队伍中有个小后生与当地一位壮族姑娘相爱结婚，十分恩爱。不久，狄青要班师回朝，规定军中不得携带家属。两人难舍难分，便到庙里对神立誓。丈夫说回朝后，一定回来团聚。若负心就被刀砍头，箭穿心，马踏死。妻子说一定等他回来，若负心就披枷戴锁，吐血而死。三年后，小后生音讯皆无，姑娘的父母劝她到歌圩，另寻意中人。但姑娘宁可空守一生也不愿背负誓言。又过了三年，小后生还是一点消息也没有，姑娘的父母非常焦急，猜测这人一定死了，劝她不要空等。并出了主意，让女儿在肩上披用布缝的枷，颈上戴用银块打的圈锁，每天嚼蒌叶红藤当作吐血。姑娘起初不愿意，但后来劝说得多了，又想到父母将来要有个依靠，最后决定再等最后一年。一年后，小后生仍一点儿消息都没有，父母就给她披上布枷，戴上银锁，又拿来蒌叶让她咀嚼。春天，姑娘终于去了歌圩，另找意中人。此后，壮族女子觉得此种打扮很有特色，便纷纷仿效起来（图7-19~图7-27）。

图7-20　壮族平绣银饰女服（文山），云南民族博物馆收藏，章韵婷摄影

图7-21　壮族服饰，柳州博物馆收藏，李金莲摄影

图7-22　壮族绣花背带（20世纪上半叶，广西桂林），上海博物馆收藏，汤雨涵摄影

图7-23　壮族织锦花鸟树纹桌毯（20世纪下半叶，广西新宾），上海博物馆收藏，张梅摄影

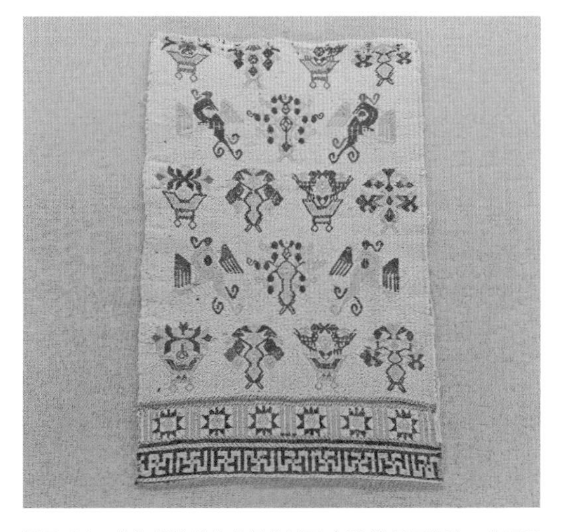

图7-24　壮族织锦花鸟花树纹被面（20世纪下半叶，广西环江），上海博物馆收藏，张梅摄影

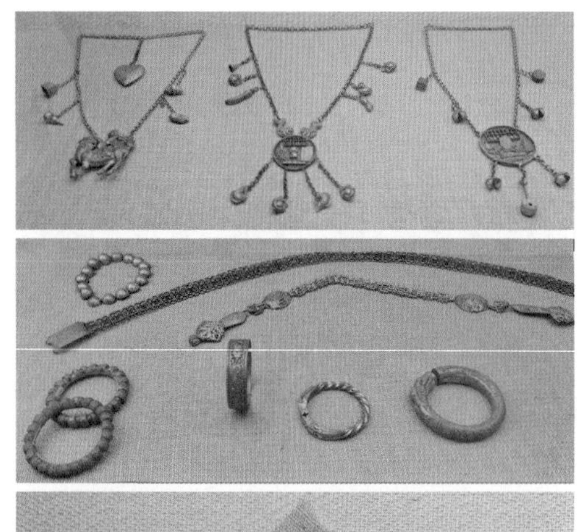

图7-25 壮族银配饰，柳州博物馆收藏，李金莲摄影

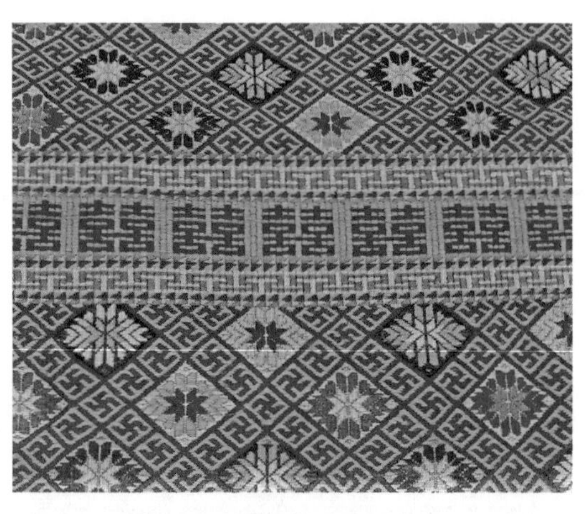

图7-26 壮族织锦菱格纹被面，上海博物馆收藏，张梅摄影

图7-27 壮族草鞋，云南民族博物馆收藏，章韵婷摄影

思考与练习

1. 试述京族服饰特征及其产生条件。
2. 绘制毛南族花竹帽，并阐述其美感。
3. 罗列瑶族的分支明细，并查找各分支的服饰特色。
4. 简述壮锦的主要特色。
5. 任选服饰特色进行现代服饰设计。

基础理论

第八章　浙江、福建、广东、台湾、湖南、海南等省民族服饰

课题名称： 浙江、福建、广东、台湾、湖南、海南等省民族服饰

课题内容： 高山族服饰、黎族服饰、畲族服饰、土家族服饰

课题时间： 2课时

教学目的： 本章主要讲述以上4个少数民族服饰中最具特色的内容。重点讲述手工织锦及文身文化等特色。

教学要求： 1. 了解以上4个少数民族服饰的特点。

2. 自选角度进行服饰分析或专业写作。

3. 任选以上少数民族服饰特色进行现代服饰设计。

课前准备： 1. 了解浙江、福建、广东、台湾、湖南、海南等省的主要气候特色及文身等服饰习俗。

2. 收集与整理以上少数民族与服饰相关的省级以上的非物质文化遗产名录。

第一节 高山族服饰

高山族包括有十多个族群，是台湾省少数民族的统称，居住在台湾省内约40万人，另有约4000人生活在福建省，极少数生活在浙江省等沿海地区。

一、黥面文身及凿齿习俗

高山族自古便有黥面文身及凿齿习俗。这一习俗的由来，在民间流传着多种传说。

其一，很久以前，两个部落经常发生战争，由于他们的面貌、体型、服饰几乎一样，所以常常发生误伤、误杀事件。后来有人想出了在脸上刻刺墨纹作为识别敌我的记号。果真见效，此后再也没有类似事件发生。其二，说的是一个名叫沙布尔的年轻小伙子在脸上画上黑纹，假扮成远方逃难的人，到凶恶的头领家做仆人，寻找为乡亲们报仇的机会。果真在一个夜里，见时机成熟，坏头领的头颅被这位年轻人取下。人们得知这一消息后，高兴得跳了起来，喝酒唱歌，祝贺沙布尔为大家除了害。这以后，人们在胜利和欢乐的时候，都会在自己脸上画上黑纹，久而久之，成了习俗。其三，居住在台东长宾东面海边一带的人们，靠下海捕鱼为生。但是，常有人被海里凶恶的蛟龙咬伤，一个勇敢的青年受到蛟龙不伤同类的启发，遂满身画着彩纹下海尝试，果真蛟龙没有伤害他。从此，人们就以文身来防御蛟龙，成为习俗，代代相传。

高山族无论男女都尊崇原始的习俗装饰，除了黥面文身，还有凿齿习俗，也称“拔牙”“缺齿”等。小孩子在9~12岁即凿齿，习惯在冬季进行。主要体现在泰雅人、赛夏人、布衣人、曹人。而阿美人、卑南人则有染齿习俗。在高山族的审美观念中，认为牙齿只有经过凿齿、染齿才是美的。高山族的凿齿仅限于凿上颌，且呈对称分布，通常拔左右第二门齿或大齿。拔牙方式非常原始，先在待拔的牙齿上垫木片，用钝器敲打，直至牙齿松动，方将牙根用绳子系住，瞬间拔掉，以烟灰消毒。高山族对于拔下来的牙齿，依然比较尊重，通常将其埋藏在屋檐下、粮仓前柱下等。还有一种有趣的风俗，就是情人间互赠牙齿，这是非常珍贵的礼物。

二、原始风致之多种主服

高山族服饰虽因支系不同而不同，但整体均呈现原始风致。如古代的高山族以裸体为美，兰屿岛上的男子就有裸身习俗，仅以丁字布遮覆生殖部位。女子也仅以一块布遮覆躯干部位。

泰雅人的贝衣，又名珠衣，精巧考究，很具代表性，且是身份、财富的象征。是以两幅麻布拼合而成的无袖上衣，之上整齐地缝缀着密密麻麻的贝珠。贝珠的原材料以石渠贝最为常见，先将其切成细片，再打磨成非常细小的贝珠，最后，将小贝珠一粒粒地穿成串，整齐地缝在麻衣的襟边、下摆等部位，也有全身缝缀的。雅美人的盛装具有尚武及古朴风格，银盔覆头，椰皮背心，胯骨处丁字带。阿美人男子着挑绣长袍，外搭红羽毛披肩，格外引人注目。排湾男女均习惯穿绣有花纹的衣服，男子以羽毛为饰，女子包缠花头巾。布农男子多着皮衣，女子上衣短小，裹腰裙，缠头巾。鲁凯人服饰面料为棉布或麻布，红、黄、黑色最为多见，女子喜穿挂满珠子的礼袍或裙，男子帽章非常漂亮，十分具有本支系特色。泰雅人、阿美人、赛夏人的交领衣的原始风致更为明显，其款式为无领、无袖、无扣、无带，仅以两幅布缝成，或长或短，前幅张开，露出一块斜方布胸衣。

三、丰富多彩之独特饰品

高山族服饰特色鲜明，其饰品也丰富多彩，风格独特。每逢喜庆佳节，高山族男女便纷纷穿起盛装，且一定要搭配数量繁多的装饰品，值得一提的是喜爱以饰物装扮自身的泰雅男子，其饰物数量远远超过女子。

除主服之外，多种多样的饰品格外引人注目，如额饰、帽饰、头饰、颈饰、胸饰、背饰、腰饰、臂饰、腕饰、耳饰、手饰、足饰等。高山族人特别喜欢以鲜花盘成花环戴在头上，充满喜庆气息。高山族的饰品之功能不仅仅做装饰，还是其身份的象征。

排湾人、曹人的一种帽饰非常独特，为完整的鹿头皮，鹿角完全保留，并镶嵌两颗兽牙为饰，额上纵向插一鹿皮条，帽围处裹兽皮。

高山族的饰品所用材料非常丰富，除银、铜、铅等金属外，自然物应用广泛，如兽骨、兽皮、羽毛、竹管、贝壳、贝珠、贝片、花卉等。耳环中以兽骨、兽骨与珠串结合最具特色，其形状浑然天成，别具风味。项链中以贝壳、兽骨最具特色，多以骨片、贝片、贝珠、玻璃、鱼椎缀成。手饰中以手镯最为普遍，如铜镯、牙镯、贝镯等。足饰中最为典型的是珠铃。以铜铃、珠贝串为材料，将其穿成十几串，甚至一百多串，缝在窄布条上，使其自然垂坠，系在脚踝处。走路及舞蹈时，清脆而悦耳的铃声格外动听。臀饰以赛夏人最具代表性，也称“背响”。在祭祀仪式上及传统舞蹈中普遍使用。其形状上窄下

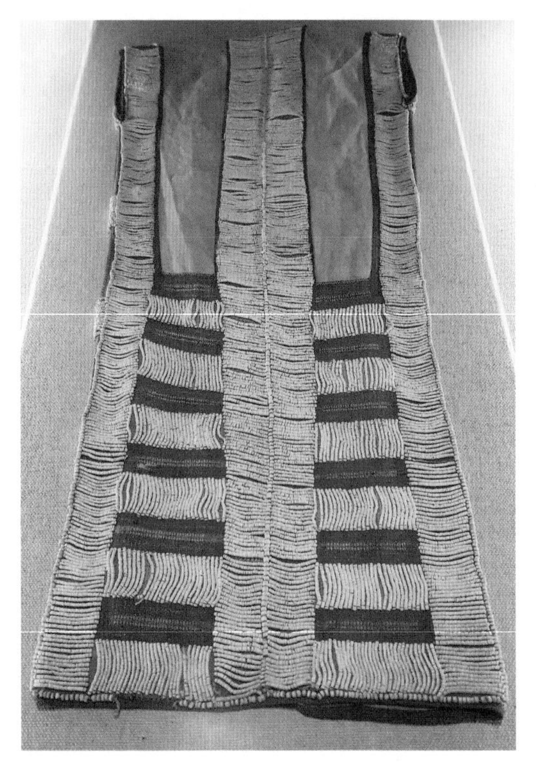

图8-1 高山族贝衣，上海博物馆收藏，郑卓摄影

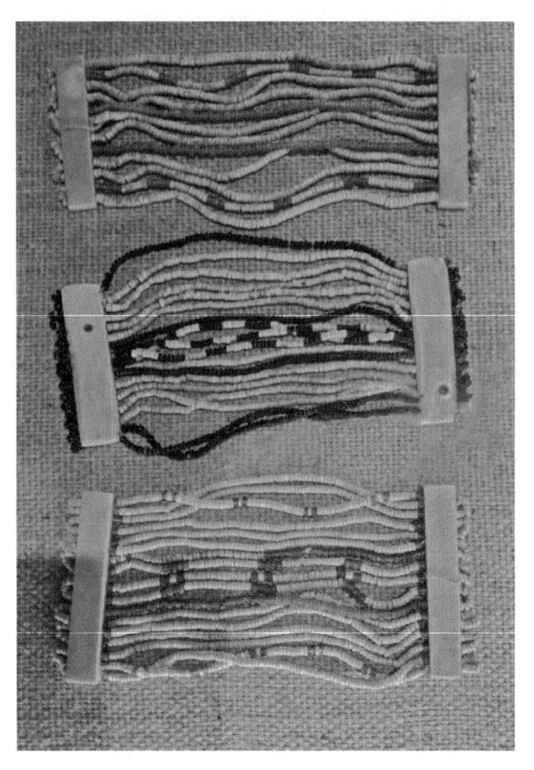

图8-2 高山族腕饰（20世纪上半叶，台湾泰雅人），上海博物馆收藏，王梦丹摄影

宽，上绣丰富多彩的花纹，并缀有流苏、小铜铃。跳舞时会跟随舞者节奏发出悦耳动听的声响。

高山族小伙子在武器的柄上有扎一束红缨的习惯。此举源于一个传说：高山族人原来住在平原和海边，过着渔猎、男耕女织的生活。后来，贪婪的荷兰人占领此岛，把善良的高山族人赶到了山上，还经常到山上抢掠烧杀，残暴无耻。乡亲们气愤地称他们为“红毛鬼”。一天，一位勇敢的年轻人沙乌鹰愤怒至极，遂手提腰刀独自下山，在高山和平原分界处划了一条界线，并向荷兰人高喊：“谁敢再上来一步，我就杀了他！”荷兰人不以为然，几日后，带着洋枪洋炮，又猖狂地来了。沙乌鹰见状，怒发冲冠，他召集部落里血气方刚的少年，手持武器，抄小路袭击，杀得荷兰人溃不成军，血肉横飞。沙乌鹰开怀大笑。他把那些被杀死的荷兰人的红头发割下来，扎在自己的大刀把柄上。其他少年见了，也都学他的样子，割下荷兰人的头发，扎在梭镖和弓箭上，显示辉煌的战果。从此，部落的人推举沙乌鹰为首领，小伙子们也都以在武器上扎红毛为勇士的象征（图8-1~图8-4）。

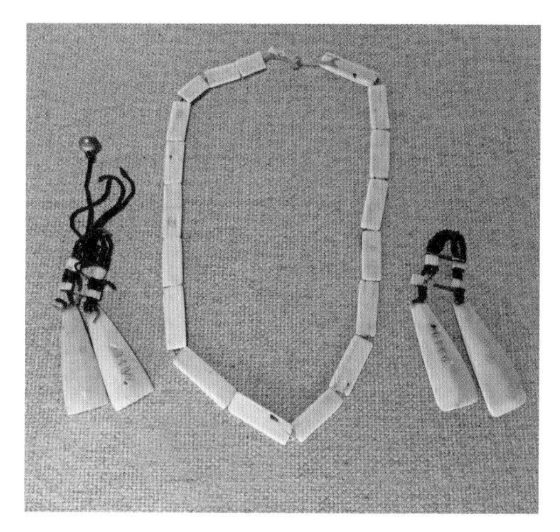
图8-3　高山族银项链及耳饰，上海博物馆收藏，厉诗涵摄影

图8-4　高山族女子劳作场景，北京服装学院民族服饰博物馆收藏，徐超萍摄影

第二节　黎族服饰

黎族，历史久远，其族源可追溯至远古时期。约有人口146万人。主要居住在海南省的陵水、保亭、三亚、乐东、东方、昌江、白沙、琼中、五指山等地。2006年5月20日，黎族传统纺染织绣技艺经国务院批准列入第一批国家级非物质文化遗产名录[1]。同日，黎族树皮布制作技艺经国务院批准列入第一批国家级非物质文化遗产名录[2]。2008年6月14日，黎族服饰经国务院批准列入第二批国家级非物质文化遗产名录[3]。

一、文面刺身之传统习俗

1949年以前，黎族女子到了十二三岁的时候，就要请技术熟练的妇女帮着做文面刺身的“手术”，以此来证明该女子已经有了出嫁的资格，个别也有婚后完成的。黎族民间的文身工具为植物刺针、小竹木棒、植物染料。文身的部位包括面部、颈部、胸部、四肢等。不同地区，文面刺身纹样也有明显不同。关于黎族女子文面刺身这一习俗，民间流传着多种传说。

有一个传说故事：很久以前，有个穷苦、俊俏的姑娘乌娜，与勇敢、勤劳的小伙子劳

---

❶ 类别：传统手工技艺；编号：Ⅷ-19；申报地区：海南省五指山市、白沙黎族自治县、保亭黎族苗族自治县、乐东黎族自治县、东方市。
❷ 类别：传统手工技艺；编号：Ⅷ-84；申报地区：海南省保亭黎族苗族自治县。
❸ 类别：民俗；编号：X-111；申报地区：海南省锦绣织贝有限公司、海南省民族研究所。

可相爱。有一年，皇帝到民间挑选美女，选中乌娜，并限七日内进宫。乡亲们都很难过。五天后，老人们建议把这对恋人的婚事办了，不能让姑娘就这样关进牢笼。可就在热闹的婚礼上，皇帝的众多兵丁却赶来抢亲。无奈，乌娜和劳可只得逃跑。次日天亮时，两人跑到了海边，走投无路了，可追兵就在后面。两人手拉手决定跳海，死也不分开。生死关头，海面上突然漂来一块大木头，两人马上抓住木头，随着波浪漂走了。三天三夜后，两人到了一个孤岛上，便在此安了家，生活下来。一年后，此事还是被皇帝知道了，他又派人来抢乌娜。劳可被利箭刺伤，忙叫乌娜快往深山里逃。乌娜一身衣服全被荆棘撕破了，身上划了很多伤口，一点力气也没有了。她从树上拔下一根尖利的荆棘，往脸上猛刺，立刻血迹满面、斑斑点点。后来追兵把乌娜抓住，但皇帝见她如此的容貌，马上就把她放了。一对恋人重新团聚，生儿育女，日子过得很和美。关于逃脱厄运，忠贞不渝的爱情故事还有很多，这种灾难与美好的传说，成了黎族女子文面刺身风俗的根据。这一习俗直到中华人民共和国成立后才被废除。

二、传统纺织之特色黎锦

黎族传统纺织历史悠久，棉织技术曾在元代时对汉族产生深远影响。黎锦工艺更是极具地方特色，凝聚了黎族人民的智慧和文化内涵。黎锦工艺主要体现在四个方面。

其一，纺。在人类纺纱历史上，手捻纺纱是最古老的传统工艺，纺纱者通过操作手捻纺轮、脚踏纺车完成。其二，染。黎族人民在长期的生产实践中发现，多种野生植物都可以用于染色。在日常生活中，还掌握了多种染色及扎染技艺，其中，有一种“绞缬染”别具特色，是将扎、染、织工艺进行了融会贯通，具有首创性。其三，织。黎族女子能够熟练使用踞腰织机进行纺织。虽说踞腰织机非常原始，但在黎族女子的双手下，能够完成精湛华美的复杂纹样，令人叹为观止的提花工艺具有浓烈的民族气息，同时，在现代先进设备面前毫不逊色。其四，绣。黎族刺绣分两种，即单面绣、双面绣。双面绣最为精湛的区域是白沙润方言区，其构图完美、造型奇巧、工艺精湛，独具风骚。

黎族女子在日常劳作中席地而坐进行纺织，应用于本民族的筒裙、帽饰、包裹、花带等。黎族织锦纹样令人眼花缭乱，足有160多种。在黎族服饰纹样中最普遍使用的是人纹、人祖纹，在其周边加以花草纹进行装饰，这花草纹寓意部落的繁衍，有的绣纹为神台及兽足印纹，均寄托了黎族人民希望部落繁荣昌盛的心愿。黎族人民将人物、动物、花鸟、昆虫、瓜果、小草等百余种纹样，以直线、平行线、三角形、菱形等几何形加以概括，抽象地呈现在服饰及日用品中。在黎锦中，工艺难度最大的是龙纹，在历史上曾经作为贡品，非常珍贵。

三、热带气息之男女服饰

黎族生活在热带地区，其服饰充满地域气息，如衣衫短小、筒裙、麻衣、树皮衣等均具有通透感和透气性、吸湿性，并利于散热。其服饰色彩多见黑色、红色，并多以黄色、白色点缀，古朴而庄重。

黎族女子束髻于脑后，并插以骨簪、银簪等，包绣花土布头巾。服饰面料多用黎锦。上衣款式为短小、紧身、窄袖、对襟或偏襟、直领或圆领、缘边绣花。若对襟无扣款则内衬一件横领内衣。下裙款式为齐膝、无褶、直筒。缝缀贝壳、铜钱、串珠等装饰。盛装时佩饰增多，如项圈、耳环、手镯、脚环等。黎族耳环中有一种下垂至肩部，非常沉重。

黎族男子结鬏缠头，以红布或黑布包头，呈角状或盘状。服饰面料以麻为主，上衣款式为无领、对襟、无扣。腰间习惯挂两块麻质长条布，前后各一。下着前后两幅布的吊檐。

另外，海南省保亭黎族苗族自治县至今仍保留有一种较为原始的传统手工技艺。即黎族树皮布的制作技艺。此技艺以树皮为原料，经反复拍打加工而成布料。又称“楮皮布”“纳布”“谷皮布”等。在海南省中南部黎族集聚区诸多县、镇应用较广（图8-5~图8-14）。

图8-5　槟榔谷黎族妇人，莫珍珍摄影

图8-6　槟榔谷文身文化展厅，莫珍珍摄影

图8-7　海南黎族女子服饰形象，海南保亭县民族博物馆收藏，刘颖摄影

图8-8　黎族武大方言非遗传承人，张引提供

图8-9　黎族文面老人形象，张引提供

图8-10　槟榔谷艺人，张引提供

图8-11　黎锦，张引提供

图8-13　黎族织花筒裙，上海博物馆收藏，郑卓摄影

图8-12　海南黎族女子服饰，保亭县民族博物馆收藏，刘颖摄影

图8-14　海南黎族树皮衣，保亭县民族博物馆收藏，刘颖摄影

第三节　畲族服饰

畲族，是我国人口较少的民族之一，现有人口约70万人，主要聚居在我国东南部的福建、浙江、广东、江西、安徽等省，在福建东南部、浙江南部山区居住最为集中。呈大分散、小聚居的态势。2008年6月14日，畲族服饰经国务院批准列入第二批国家级非物质文化遗产名录[1]。2011年6月9日，银饰锻制技艺（畲族银器制作技艺、苗族银饰锻制技艺）经国务院批准列入第三批国家级非物质文化遗产扩展名录[2]。2014年11月11日，银饰锻制技艺（畲族银器锻制技艺、鹤庆银器锻制技艺）经国务院批准列入第四批国家级非物质文化遗产代表性项目名录扩展项目名录[3]。

畲族与汉族交往密切，受汉族影响较深远，服饰上，尤其在男装上，同化较大。但属于畲族自身的服饰特征也很具代表性，如凤凰装、服饰图案、手工技艺等。

一、隆重而祥瑞之凤凰装

畲族女子最具代表性的装束为"凤凰装"。上穿斜襟衣，下穿长裤或短裙。衣裤、短裙较为合体、精练。头戴"凤冠"，取凤冠之立体造型，象征凤头，以细竹管包裹红布帕，冠上装饰圆银牌，珠链悬垂，前额垂坠三个小银牌，并悬垂约3厘米宽、30厘米长的绫条。也见黄、玫红色。头围一圈也有用彩带的。主服多为大红、桃红、水蓝、翠绿色，在领缘、袖身或袖口、裤脚处以彩条装饰，腰系围裙，其上以大红、桃红、杏黄、金银丝线等织绣而成的多彩纹样，象征凤凰五彩缤纷的羽毛及颈部、腰身。腰带是畲族特色织物彩带，飘于腰后象征凤尾。而全身上下丰富的银饰，行走间发出悦耳的声响，象征凤鸣。这一全套服饰便是"凤凰装"。"凤凰装"是畲族妇女在最隆重场合所穿着的装束。

关于凤凰装的由来有这样的传说：畲族的始祖盘瓠王因平番有功，高辛帝便把自己的女儿三公主许配给他。成婚当日，帝后给女儿戴上凤冠，穿上镶有珠宝的凤衣，希望女儿能像凤凰一样给畲族人民带去祥瑞。待三公主有了儿女后，也把女儿打扮得像凤凰一样美丽，当她的女儿出嫁时，凤凰从广东的凤凰山衔来凤凰装送给她作嫁衣。从此，畲族女子在最隆重的场合必着这凤凰装，显示像"三公主"一样的尊贵，象征吉祥如意。

目前，福建畲族女子服饰特色最为显著，其服饰还存在地域差别，婚否差别的特点。例如，福建东北部畲族女子梳"凤凰髻"，而少女在16岁前的发式称"布妮头"，额前有留

---

❶ 类别：民俗；编号：X-110；申报地区：福建省罗源县。
❷ 类别：传统技艺；编号：Ⅷ-40；申报地区：福建省福安市，贵州省剑河县、台江县。
❸ 类别：传统美术；编号：Ⅷ-40；申报地区：福建省宁德市，云南省鹤庆县。

海，辫发，以红绒线缠扎，并将其盘绕起来。而成年已婚女子发式也因所居住区域不同而不同，有“凤头髻”“凤身髻”“凤尾髻”“龙船髻”等。

二、生机勃勃之服饰纹样

畲族的服饰纹样内容丰富、色彩艳丽、自由奔放，在服饰及日用品上应用广泛，如领子、袖口、衣襟、裤脚、围裙、童帽、肚兜、烟袋、鞋面、枕套、帐帘等部位。其灵感多取自日常生产生活中的万物，其艺术情感朴素而亲切，如路边花草、空中云彩、雨后彩虹、水中鱼虫、林间鸟雀、山里猛兽、农舍车马、抽象纹样及文字等。抽象纹样同样源于大自然，如方格纹样象征农田、彩条纹样象征江河、十字纹样象征林木等。以文字排列组合而成的纹样风格上有原始象形文字，也有正楷体，内容都为吉祥话语，如“招财进宝”“三元及第”等。服饰纹样风格上自由奔放，独具魅力。而在畲族男子服饰上也见纹样装饰，如在青色或红色长衫的胸前就刺绣着龙的纹样。

畲族服饰纹样是广大畲族人民勤劳及智慧的体现，心灵手巧的畲族女子千百年来运用木质织机织成棉布，又在一针一线间创造了精美的民间艺术，其艺术价值及文化内涵非常深远。

另外，如上所述，高辛帝将三公主嫁给盘瓠。祖公盘瓠为了子孙后代兴旺发达，便欲离京居住。要到其他地方开山造田，游山打猎，高辛帝见他去意已决，只得同意。他只是担心今后见不到心爱的女儿了，又怕女儿被欺侮。临别时，高辛帝除了赐给三公主一顶凤冠外，还将自己的衣衫和女儿的衣襟对褶在一起，盖上一个金印，使得金印一半留在女儿衣衫上，一半留在自己的衣衫上。可他还是不放心，便又在女儿衣衫的替肩内再盖上一个大印，作为纪念和日后身份识别的依据。由此，畲族女子都爱穿自右开襟的“大花”青布衣服，喜欢在大花衣服的襟边钉上一块三角红布，用它来象征高辛帝的骑缝印。大家还喜欢在衣服的肩膀里钉上一块四方形的红布“替肩”，把它当作高辛帝的大印。除此之外，还用五色彩线在三角红布的周边绣上一行行虎牙和花草，以保护印记，并使其更为美观。

三、精美绝伦之手工技艺

畲族服饰纹样生机勃勃，而其技法上更是精美绝伦，通常挑中带绣，织绣结合。除却刺绣技艺，畲族女子还熟练掌握以木机织麻布、生丝布等民间技艺。而织彩带是畲族传统技艺中的经典，是畲族女子闺训中不可缺少的内容，五六岁的小姑娘就开始学习了。其工具仅为三支小竹竿，既可完成牵经提综，一头挂在树枝等上固定，另一头拴在织者的腰上即可坐着操作。其纬纱为白色，经纱颜色多样，经纱多少决定彩带的宽窄。经纬纱的材质有纱线，也有棉线。织彩带的水平体现了畲族女子的才能和心智，平日中，女子将彩带送给朋友、情人，是最珍贵的礼物，也是最有代表性的礼物。男女定亲时，男方送的礼物多种多样，但女方回礼时必须有自己亲自织的彩带。彩带在日常服饰中较多应用于裤带、腰带、围裙、男子刀鞘等（图8-15~图8-23）。

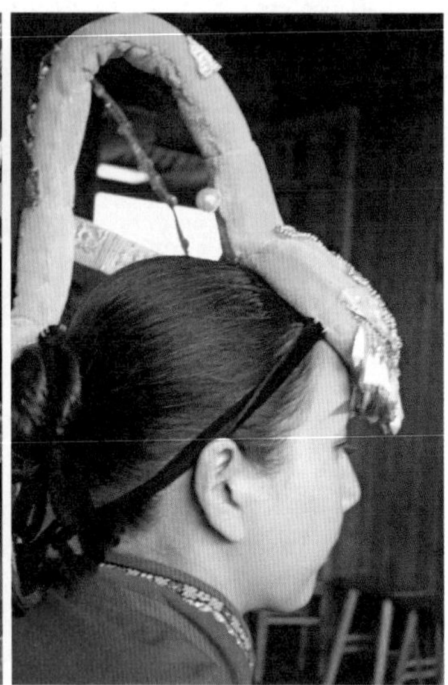

图8-15 浙江丽水畲族女子，陆燕萍摄影

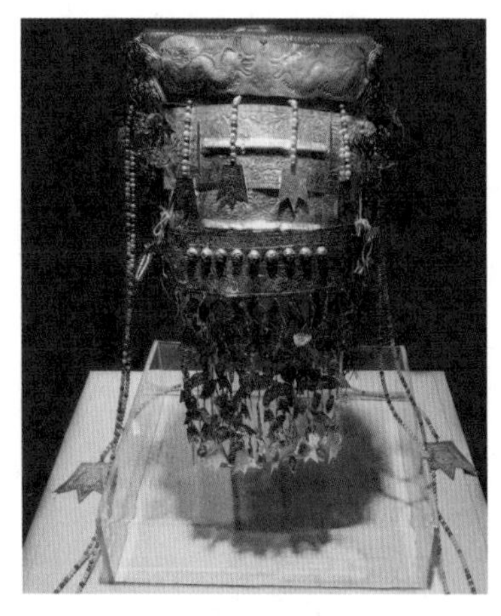

图8-16 福建霞浦式畲族头饰，中国畲族博物馆收藏，陈书社摄影

图8-17 畲族妇女织彩带场景，中国畲族博物馆，陈书社摄影

图8-18 畲族人家，中国畲族博物馆收藏，陈书社摄影

图8-19　畲族服饰，丽水市文化馆提供，王秀芳调研

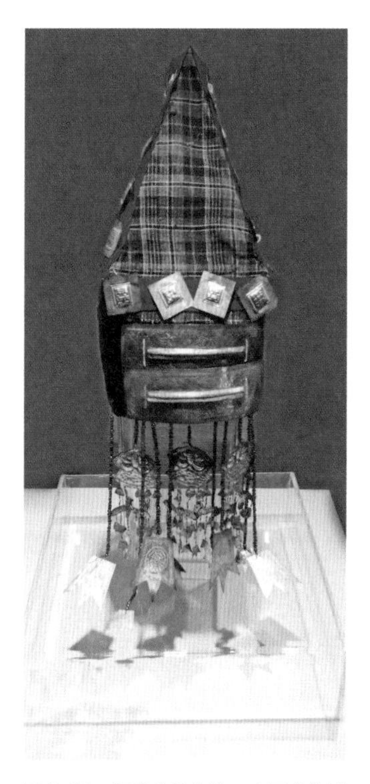

图8-20　福建畲族头饰，中国畲族博物馆收藏，陈书社摄影

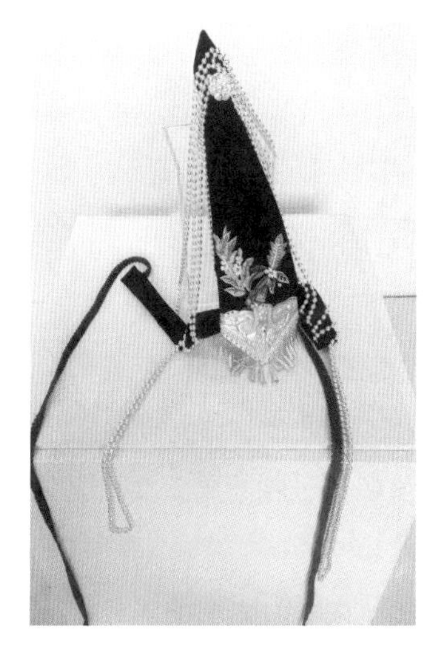

图8-21　畲族头饰，中国畲族博物馆收藏，陈书社摄影

图8-22　畲族儿童帽饰及鞋，中国畲族博物馆收藏，陈书社摄影

图8-23　畲族竹编斗笠（20世纪下半叶，福建霞浦），上海博物馆收藏，厉诗涵摄影

第四节　土家族服饰

土家族，现有人口约835万人。主要聚居在湖南、湖北、四川、贵州省毗连的武陵山区。2006年5月20日，土家族织锦技艺经国务院批准列入第一批国家级非物质文化遗产名录[1]。

一、五彩织锦之西兰卡普

土家锦，是土家族民间手工织锦，又称“土锦”“斑布”。是中国五大织锦之一，在当地称“西兰卡普”。其工艺独特、构图巧妙、色彩斑斓、图案清晰、质地牢固。原料为丝、棉、毛线，三者有规律地交织，采取通经断纬的工艺。西兰卡普深得土家族喜爱，在日常生活和喜庆佳节应用非常广泛，如姑娘的嫁妆中一定要有西兰卡普被面，跳民族舞蹈“摆手舞”时披挂在身后的披甲，也是五彩缤纷的西兰卡普。

关于西兰卡普，民间传说是由一名叫“西兰”的湘西土家族姑娘首创的，美丽聪明的西兰从小就学会了织布，长大后擅长彩织，她努力钻研，能用五彩丝线织出土家寨子中万紫千红的花朵，非常生动，远近的人都看着了迷。为了在织锦上织出世界上最美的、偶然半夜才开花的白果花，她长期深夜在后院白果树下观察。此事被好吃懒做的嫂子看到，由于一直很嫉妒她的才智，遂趁机向公公挑拨，诬陷西兰是半夜外出与人私通，伤风败俗。老人信以为真，竟用刀将女儿砍死在白果树下。土家族姑娘非常怀念、崇拜她，继承了她的织绣手艺，并将土家织锦称为“西兰卡普”。

二、独具魅力的男女服饰

土家族传统服饰中男女款式差别不大。从发饰上看，男女均垂髻，再遮覆白色或青色头帕，头帕上以刺绣装饰，女子也常以红布卷成头箍。耳环硕大，常见金、银材质。上衣款式为短小、圆领、对襟、大袖。男子胸前缝缀两条飘带，下穿8幅不过膝罗裙。女裙宽大且长，扎百褶围裙。

随着时代发展，土家族服饰中出现了诸多满族服饰元素，且男女服饰区别渐大。但男女头部常年遮覆帕子。男子以条纹布或单色青、蓝、白色，帕子长两三米左右，将其缠成“人字形”于头顶。而女子以印花布或青丝帕为主，值得一提的是丝帕又薄又长，薄如蝉翼，长至七八米，这条丝帕女子在日常生活中常年裹缠，待离世入葬，也以丝帕缠头。

[1] 类别：传统手工技艺；编号：Ⅷ-18；申报地区：湖南省湘西土家族苗族自治州。

男式着“蜈蚣扣”衣衫，具体款式为短小、对襟、双排扣，7、9、11对扣不等，下着宽大裤子。在前襟、领口、袖口、底摆、裤腿等部位宽缘边并绣花装饰。中老年男子服饰多保留无领、大袖传统样式，也有上衣为右开襟的，腰间习惯缠布带。

女式服饰较为丰富，上衣为左开襟或右开襟，矮领或圆领，连裁袖，袖根宽大，长度略短。在领子、袖口、前襟、底摆、裤脚等处呈现如满族风格的宽缘边刺绣装饰，且多条粗细拼合。下着宽松筒裤或筒裙、百褶裙。筒裙为8幅布拼接而成，在拼缝、底摆处多以小花边装饰。百褶裙又大又长，多见红绸缎缝缀青布边、黄色小花条的装饰效果。穿绣有花草、蜜蜂、蝴蝶、水果等纹样的绣花鞋。女子除了衣裙上绣花装饰外，还格外注重首饰装饰，首饰主要有簪子、发花，项圈、手镯、脚环、耳饰、戒指等，多为金银材质，胸部多以银牌、银铃、银链、银珠串装饰。还有一种服饰格外素雅，即白衣黑褂，一般在春秋季的日常劳作时穿着。

儿童服饰最为突出的特色体现在帽子上。其图案吉祥，品类丰富，做工精致。体现吉祥寓意的图案有喜上眉梢、长命富贵、凤穿牡丹、八仙过海、十八罗汉、福禄寿禧等。冬帽常见狗头帽、鱼尾帽等，夏帽常见冬瓜圈，春帽常见紫金冠，均手工缝绣，做工精致。

另外，土家族的新娘头上都要搭上一块红帕子。这源于一个传说：在湖南湘西地区，有户土家族人家，只生得一个男孩。当孩子十七八岁时，阿爸着急抱孙子，就到处给小伙子提亲。谁知，这小伙子脾气很倔强，一连看了十几家，他都不中意。可给阿爸气火了，硬给他找了个长相极丑，少一只眼睛还是光头的姑娘。结婚当天，娘家知道自己的女儿不好看，就用一块红布帕子，搭在她的头上遮丑。拜堂完毕，送入洞房，新郎揭开红帕一看，竟是一位俊俏无比的姑娘。据姑娘说：“搭上红布帕子后，自己如痴如醉，在花轿中做了一个与仙女换头的噩梦，醒来后，容貌就变了。”此后，土家族嫁女，都要给新娘搭一块红帕子在头上。大家传说，不管多丑的姑娘，只要搭上红帕子，就会在花轿里做与仙女换头的梦，变得乖巧美丽。因此，土家族把这块红帕子叫“梦帕”。

三、镇邪驱鬼之露水长裙

在湖北的土家族姑娘有一种漂亮的露水裙。这裙源于一个传说：很久以前，土家寨子中有一个勤劳质朴的小伙子，叫春哥，他没有亲人，独自靠砍柴为生。一日，他在山上看见一只狐狸嘴里衔着一只锦鸡。锦鸡竟会说话，请求他救命。春哥大步追上，使劲将镰刀向狐狸掷去，救了锦鸡，将它带回家，细心照料。在一个早晨，春哥干活时不小心把手割破，一滴血甩到了锦鸡身上。锦鸡马上变成了一个穿着十锦衣裙的十八九岁的姑娘。两人一见钟情，很快就成亲了。原来，这姑娘叫金姬，家住在很远的茶山寨中。在两年前，她和姐妹们上山摘茶，忽然天昏地暗，一个女妖怪把她们掠到山洞里，并用魔法把她们变成了动物。女妖怪让金姬给她梳头、搔痒，金姬不干，女妖怪就把她变成了锦鸡。还说："要还人形，得逢二春。"那天，女妖怪出去了。金姬跑了出来却被狐狸咬了去，多亏春哥救了她。正逢当日立春，有个春字，春哥的名字也有个春字，逢了二春，后偶然得到春哥的鲜血，姑娘才还了原形。那美丽的羽毛就变成了闪闪发亮的露水裙。一日，两人出门打算去救其他姐妹。忽然，一朵彩云飘落在他们面前。彩云中站着观音菩萨。菩萨在金姬的衣裙上洒上滴滴甘露珠，就成了大小相间缀着的珍珠，菩萨又在她的衣裙上画了个金钵，胸前画了口明镜。之后两人竟能飞起来了，一会就到了洞口。不知何故，女妖怪的妖术在金姬面前不灵了，刚要逃跑，忽然，金姬衣服上的金钵飞了起来，将其罩住，接着胸前的明镜又射出一道白光，一下子把她烧成了一堆白骨。姐妹们得到解救，纷纷恢复原形。

这以后，土家族姑娘出嫁时，一定要穿上据说能镇邪驱鬼的露水裙。

四、六月初六与龙袍晾晒

在土家族传统习俗中，有逢六月初六晾晒衣服被褥之说。据说这是为了纪念一位英勇的土司王。

元朝末年，建始一带的土家族，在土司的带领下，纷纷起事，驱逐元朝官吏，要夺回被元军占去的田地。朝廷便派一个叫搭海的人，率大军围剿土家族人。搭海非常残暴，到处烧杀抢夺，土司们害怕元军势大，纷纷投降纳贡。最后只有景阳河的土家族义军不肯降服。搭海便直扑而来。面对元军的进攻，土司王覃浩捏立即召集土司商议。大家正在议论时，突然，一个身材高大，相貌威武的青年挺身而出，请求承担应战的任务。这人便是土司王的儿子覃垕。覃浩捏一见大喜，当众任命覃垕接任土司王位，并亲自把一件龙袍披在他的身上，把一柄祖传的柳叶宝剑系在他的腰间。覃垕带领三千土家族健将，在田峡口设下檑木滚石备战。中午，元军闯进田峡口，突然，一声巨响，檑木滚石一起打下，元军死伤无数。趁乱，覃垕率领将士驱赶火牛突入敌阵。搭海正要逃跑，被覃垕一箭射中左臂，元军惨败而逃。半年后，搭海养好伤，又带大军气势汹汹而来，扬言要杀尽土家族人，活捉覃垕，以报一箭之仇。覃垕带领全族人民，拼死奋战，最后终因寡不敌众，战死沙场。覃垕英勇异常，身负重伤数十处，鲜血浸透了老王覃浩捏赐给他的那件龙袍。覃垕殉难之日，是农历六月初六，他家里的人每到这一天，都把那件被血染红的龙袍拿出来晾晒。这一带的土家族人，为纪念这位勇士，都在这一天把衣服被褥拿出来，象征着龙袍晾晒（图8-24~图8-28）。

图8-24　土家族绣花鸟纹女服，上海博物馆收藏，郑卓摄影

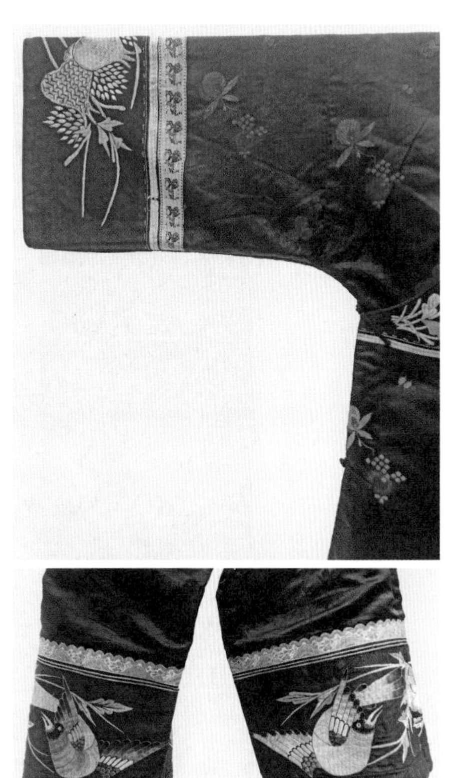

图8-25　土家族暗花缎平绣花鸟纹女服局部（20世纪60年代，湖南湘西），中央民族大学民族博物馆收藏，胡立婷摄影

图8-26　土家族花鞋（20世纪早期，湖南湘西），北京服装民族服饰博物馆收藏，胡立婷摄影

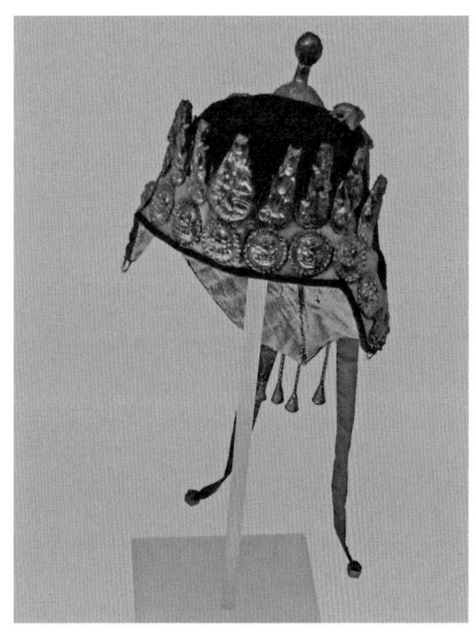

图8-27　土家族捶花八仙银饰童帽，上海博物馆收藏，汤雨涵摄影

图8-28 土家族织锦土王一颗印纹被面料（20世纪下半叶，湖南龙山），上海博物馆收藏，张梅摄影

思考与练习

1. 对高山族、黎族文面习俗进行比较研究。
2. 简述黎锦的艺术特色。
3. 简述畲族凤凰装特色。
4. 绘制土家族织锦纹样，并分析其美感。
5. 自选角度进行服饰分析或专业写作。
6. 任选服饰特色进行现代服饰设计。

参考文献

[1] 华梅. 中国服装史 [M]. 北京:中国纺织出版社,2018.
[2] 华梅. 服饰文化全览 [M]. 天津:天津古籍出版社,2007.
[3] 殷广胜. 少数民族服饰 [M]. 北京:化学工业出版社,2012.
[4] 戚嘉富. 少数民族服饰:汉英对照 [M]. 合肥:黄山书社,2012.
[5] 韦荣慧. 中国少数民族服饰图典 [M]. 北京:中国纺织出版社,2013.
[6] 孙运来. 中国民族 [M]. 长春:吉林文史出版社,2013.
[7] 李青华. 朝鲜族 [M]. 长春:吉林文史出版社,2010.
[8] 钟建波. 达斡尔族 [M]. 长春:吉林文史出版社,2010.
[9] 杨晶. 鄂伦春族 [M]. 长春:吉林文史出版社,2010.
[10] 满晓燕. 鄂温克族 [M]. 长春:吉林文史出版社,2010.
[11] 彭程. 赫哲族 [M]. 长春:吉林文史出版社,2010.
[12] 蒋肖云. 满族 [M]. 长春:吉林文史出版社,2010.
[13] 徐海燕. 满族服饰 [M]. 沈阳:沈阳出版社,2004.
[14] 曾慧. 满族服饰文化研究 [M]. 沈阳:辽宁民族出版社,2010.
[15] 李金宏. 蒙古族 [M]. 长春:吉林文史出版社,2010.
[16] 李咏梅. 俄罗斯族 [M]. 长春:吉林文史出版社,2010.
[17] 李青华. 朝鲜族 [M]. 长春:吉林文史出版社,2010.
[18] 张文娟. 哈萨克族 [M]. 长春:吉林文史出版社,2010.
[19] 王玉姝. 柯尔克孜族 [M]. 长春:吉林文史出版社,2010.
[20] 新疆维吾尔自治区对外文化交流协会. 柯尔克孜族民俗文化 [M]. 乌鲁木齐:新疆美术摄影出版社,2005.
[21] 周晓辉. 塔吉克族 [M]. 长春:吉林文史出版社,2010.
[22] 戚娜. 塔塔尔族 [M]. 长春:吉林文史出版社,2010.
[23] 崔华洋. 维吾尔族 [M]. 长春:吉林文史出版社,2010.
[24] 张琪. 乌孜别克族 [M]. 长春:吉林文史出版社,2010.
[25] 胡巍. 锡伯族 [M]. 长春:吉林文史出版社,2010.

[26] 李青华. 保安族 [M]. 长春:吉林文史出版社,2010.
[27] 李金宏. 东乡族 [M]. 长春:吉林文史出版社,2010.
[28] 王雪晨. 回族 [M]. 长春:吉林文史出版社,2010.
[29] 刘仁莉. 撒拉族 [M]. 长春:吉林文史出版社,2010.
[30] 蒋肖云. 土族 [M]. 长春:吉林文史出版社,2010.
[31] 戴艳华. 裕固族 [M]. 长春:吉林文史出版社,2010.
[32] 崔华洋. 珞巴族 [M]. 长春:吉林文史出版社,2010.
[33] 王雪晨. 门巴族 [M]. 长春:吉林文史出版社,2010.
[34] 李英子. 藏族 [M]. 长春:吉林文史出版社,2010.
[35] 李玉琴. 藏族服饰文化研究 [M]. 北京:人民出版社,2010.
[36] 张文娟. 布依族 [M]. 长春:吉林文史出版社,2010.
[37] 毛益磊. 侗族 [M]. 长春:吉林文史出版社,2010.
[38] 苏玲. 侗族亮布 [M]. 昆明:云南大学出版社,2006.
[39] 王彦. 侗族织绣 [M]. 昆明:云南大学出版社,2006.
[40] 于婧. 苗族 [M]. 长春:吉林文史出版社,2010.
[41] 贺琛. 苗族蜡染 [M]. 昆明:云南大学出版社,2006.
[42] 黎焰. 苗族女装结构 [M]. 昆明:云南大学出版社,2006.
[43] 胡秀丹. 羌族 [M]. 长春:吉林文史出版社,2010.
[44] 钟茂兰,范欣,范朴. 羌族服饰与羌族刺绣 [M]. 北京:中国纺织出版社,2012.
[45] 徐非. 水族 [M]. 长春:吉林文史出版社,2010.
[46] 苗纯娇. 彝族 [M]. 长春:吉林文史出版社,2010.
[47] 苏小燕. 凉山彝族服饰文化与工艺 [M]. 北京:中国纺织出版社,2008.
[48] 王雪晨. 阿昌族 [M]. 长春:吉林文史出版社,2010.
[49] 马明玉. 白族 [M]. 长春:吉林文史出版社,2010.
[50] 王雪晨. 布朗族 [M]. 长春:吉林文史出版社,2010.
[51] 金子鸥. 傣族 [M]. 长春:吉林文史出版社,2010.
[52] 李青华. 德昂族 [M]. 长春:吉林文史出版社,2010.
[53] 王忠华. 独龙族 [M]. 长春:吉林文史出版社,2010.
[54] 曹媛媛. 哈尼族 [M]. 长春:吉林文史出版社,2010.
[55] 崔华洋. 基诺族 [M]. 长春:吉林文史出版社,2010.
[56] 沈菲. 景颇族 [M]. 长春:吉林文史出版社,2010.
[57] 李珊珊. 拉祜族 [M]. 长春:吉林文史出版社,2010.
[58] 李珊珊. 傈僳族 [M]. 长春:吉林文史出版社,2010.

[59] 于洁. 纳西族 [M]. 长春:吉林文史出版社,2010.

[60] 陆薇. 怒族 [M]. 长春:吉林文史出版社,2010.

[61] 崔华洋. 普米族 [M]. 长春:吉林文史出版社,2010.

[62] 李咏梅. 佤族 [M]. 长春:吉林文史出版社,2010.

[63] 石磊. 佤族审美文化 [M]. 昆明:云南大学出版社,2008.

[64] 蒋肖云. 仡佬族 [M]. 长春:吉林文史出版社,2010.

[65] 李青华. 京族 [M]. 长春:吉林文史出版社,2010.

[66] 李青华. 毛南族 [M]. 长春:吉林文史出版社,2010.

[67] 崔华洋. 仫佬族 [M]. 长春:吉林文史出版社,2010.

[68] 王玉姝. 瑶族 [M]. 长春:吉林文史出版社,2010.

[69] 沈菲. 壮族 [M]. 长春:吉林文史出版社,2010.

[70] 牟景珊. 高山族 [M]. 长春:吉林文史出版社,2010.

[71] 秦翠翠. 黎族 [M]. 长春:吉林文史出版社,2010.

[72] 戴艳华. 畲族 [M]. 长春:吉林文史出版社,2010.

[73] 闫晶,陈良雨. 畲族服饰文化变迁及传承 [M]. 北京:中国纺织出版社,2017.

[74] 陈敬玉. 浙闽地区畲族服饰比较研究 [M]. 北京:中国社会科学出版社,2016.

[75] 杨宏婧. 土家族 [M]. 长春:吉林文史出版社,2010.

后 记

编写《中国少数民族服饰文化》这部教材最初的想法源于2004年，当时，已经工作五年的我有幸考取了天津师范大学服饰文化学专家华梅教授的硕士研究生。刚入校门就加入了华梅教授的项目组，即天津市“十一五”社科研究规划项目《服饰文化全览》（TJYS 06—004）。在这个项目组里，我承担的任务是“服饰故事经典”部分“中国服饰故事”的撰写，这一部分内容包含神鬼传奇——神话传说中的服饰故事；理智与情感——文学经典中的服饰故事；多面的文明——历史变迁中的服饰故事；特色的民俗——民族风俗中的服饰故事。在最后一个部分，即民族风俗中的服饰故事中我最终完成了77个中国服饰故事的撰写，在查找资料及成书的过程中，一个理想便埋藏在心底，那就是今后完成一部关于中国少数民族服饰的专著或教材。2006年，华梅教授带领我们几个研究生深入云南进行少数民族服饰艺术考察。我们拍摄了万余张照片，我把团队成员拍摄的照片全部保存下来，想着今后这些珍贵的资料一定会发挥作用。2007年，我回到嘉兴学院任教，先后申报了服饰民俗学、中国少数民族服饰的专业选修课程。在教学过程中，每年进行一次黔东南苗族、侗族原生态服饰考察、北京各大博物馆服饰专项考察、云南少数民族服饰再考察、长三角等地区诸多博物馆的参观，还陆续深入至新疆维吾尔自治区、内蒙古自治区呼伦贝尔市、海南黎族聚居地、宁夏回族自治区、吉林省延边朝鲜族自治州、浙江丽水景宁畲族自治县等多地进行实地考察。另外，每年一次的嘉兴学院学生的暑期社会实践也为本课题的研究注入了活力，来自全国各地的大学生纷纷加入我的团队，拍摄并收集了大量的一手资料。

总之，对中国少数民族服饰资料的收集与整理一直没有间断，成书的想法一直存在。只是在十几年的教学及科研工作中先后立项并进行《嘉兴蚕桑史》《江南服饰史》《浙江蚕歌文化研究》省部级课题等多项科研任务，使得有幸在中国纺织出版社有限公司立项的“十三五”部委级规划教材《中国少数民族服饰文化》没能尽早完成，直至“十三五”即将接近尾声才完稿上交，实为遗憾，但也完成了我一直以来的心愿。

这部教材在编写过程中停顿过很多次，有时甚至有放弃的想法。因为在查找资料的过程中，越来越感受到中国少数民族服饰文化的内涵之博大和丰厚。很多少数民族又有很多分支，可以这么说，很多少数民族的服饰，甚至很多少数民族的某个分支的服饰都可以写成一部分量颇丰的专著。很多时候我都在想，这部教材怎么可能将伟大祖国55个少数民族的服饰写全呢？回答当然是否定的。因为它太深厚，太神秘，太值得做进一步的研究！最后，还是决定要将此部教材完成。抓住每一个少数民族服饰中最具特色之处去刻画，虽然达不到完美，但在中国少数民族服饰文化教学中却可以起到一定的作用。也为今后的进一步研究奠定了基础。

在成书的过程中，有一种情怀始终在血液中流淌，那就是家国情怀！我无数次为祖国每一个少数民族精美的服饰所感动，无数次感慨作为中国人有多么的骄傲！服饰是文化的载体，我们的文化那么深远和丰厚，且那么细腻和神秘。在今后的教学科研中，对中国少数民族服饰文化的研究我会投入更多的精力，充分发挥服饰文化研究工作者的作用，也希望更多的学者投入到这一领域进行研究，使中国少数民族服饰绽放出更加耀眼的光芒。

在教材编写过程中，借鉴了以下学者的研究成果：华梅、金开诚、殷广胜、戚嘉富等。还参考了诸多学者的研究内容，详见参考书目。

在实地调研过程中，得到了以下单位的图片支持或一手资料的拍摄：云南民族博物馆、中央民族大学民族博物馆、北京服装学院民族服饰博物馆、上海博物馆、中国畲族博物馆、丽水市文化馆、吉林省博物院、延边博物馆、安图县文化馆、黔东南州民族博物馆、九福堂苗族博物馆、鄂温克博物馆、额尔古纳民族博物馆、额尔古纳市文化馆、额尔古纳市拉布大林清真寺、新疆维吾尔自治区博物馆、乌鲁木齐博物馆、保亭县民族博物馆、柳州博物馆、达斡尔民族博物馆、宁夏回族自治区博物馆、楚雄彝族自治州博物馆、巴尔虎博物馆、凯里民族文化宫、凯里剑河革东镇红绣工作室、通化市清真寺等。

得到以下非物质文化遗产传承人、捐赠人、摄影师、记者、老师、同学、朋友、学生的图片提供或支持：尤珂勒·哈菈·姑殊古丽（赫哲族）、李素芳（瑶族）、蓝延兰（畲族）、张忠良、张引、王嘉斌、要彬、刘一诺、杜立婷、徐慧明、郭友南、邓洪涛、刘颖、周甜甜、李雅靓、潘珊珊、程朝贵、章韵婷、黄绪强、刘银红、贾朝华、唐伟、朴云峰（朝鲜族）、冯凡、郭凤臣、马忠义、张锋、崔嘉龙、李金莲（壮族）、金艺灵、张硕、倪文杨、仵宁宁、李思琪、吕泊菲、厉诗涵、王梦丹、郑卓、张梅、汤雨涵、陈书社、刘晶、金长富、张岩、王秀芳、章意若、陆燕萍、仇德素、庄雪芳、张鑫、向虹霞、杨滢、翁东东、陈颜、马芳芳、黄佳璐、林雪纯、张琳佳、陈晓玥、范诗艺、袁梦瑶、叶芳萍、张雨婷、蔡森森、张婷、诸秀雯、李佳琦、汤泽婧、杨梦涵、莫珍珍、洪静怡、沈聪、张梦晗、徐超萍、黄冰慧、胡立婷、金梦、任晓妍、陈夏越、施慧、巫颖怡、朱丹茫、柯德利、严卿楠、张晨、袁鲁宁、林星虹、逄雅迪、查民浩、王一如、胡庆瑞、沈菲、胡高阳等。

对以上单位及个人一并表示感谢！由于学术水平所限，不周之处，敬请读者指正。

刘文
2019年金秋于嘉兴学院金庸图书馆